반농생활

Side Farming Life

반농생활

Side Farming Life

키우고 먹고 팔아라

마스야마 히로야스 지음 · 김옥영 옮김

에디터 editor

행복한
라이프 스타일의 권유

일본에서는 2008년경부터 '반농반×(半農半×)'라는 라이프 스타일이 주목받기 시작했습니다. 생활의 반은 현재 자신이 가진 직업의 일을 하면서, 나머지 반의 시간을 농사에 할애하는 생활방식입니다. 가령 미용 일을 하는 사람이라면 '반농반미용사', 부동산중개업을 하는 사람이라면 '반농반중개인', '반농반요리사' '반농반소설가' 등 자신이 현재 하는 일과 병행해 농사일을 하는 사람들이 탄생하게 된 것입니다.

우리는 이전의 삶에서는 예기치 못했던 전 세계적인 환경재앙과 고유가, 불안한 먹을거리 속에서 건강과 안전이 위협받는 현대를 살아가고 있습니다. 이 책이 설명하는 반농생활은 그러한 시대적 배경 하에 어떤 삶이 진정한 삶인지 고민하는 사람들이 찾아낸 새로운 '라이프 스타일'이 아닐까 생각해 봅니다.

부분적으로나마 자급자족을 하고, 삶의 여유를 되찾으며 건강해지는 것. 그리하여 경제적으로도 조금은 더 나은 생활로 발전해 가는 것. 그것이 사람들이 살아가는 목표라면 반농생활이 그 답이 될 수도 있다고 제안합니다.

저자는 일본에서 〈반농생활 서포트 센터 – 채원클럽〉을 설립해 궁극적으로는 사이드 파밍 라이프(Side Farming Life)를 추구하는 이들을 지원하고 있습니다. 각종 채소재배법을 전파하고, 일일 체험교실을 열거나 기업에도 채소재배를 통한 멤버십 훈련을 도와주기도 하며, 늘어만 가는 반농생활자들을 돕기 위해 '마이크로 마켓'이라는 이름의 일일장터를 주기적, 지역적으로 개최해 그들이 생산한 안전한 농산물을 시민들에게 판매합니다. 또 초보자들에게는 반농생활 안내 프로그램을 만들어 1개월 집중학습으로 부분자급을 하고, 1년만에 완벽한 자급을 이루어 '사이드 파밍 라이프(Side Farming Life)' 를 실현시킨 답니다. 그리고 3년째에 이르면 본격적인 채소회사를 만들 수도 있게 도와주고 있습니다.

주말의 이틀을 할애해서 텃밭을 가꾸거나 주말농장을 운영하는 분들은 한국에도 이미 많이 있으며, 친절한 정보로 이를 도와주는 단체들도 있는 편입니다. 그런데 여기에 더해 이 책의 저자는 '키우고, 먹고, 팔아라!' 라고 주창합니다.

텃밭의 넘쳐나는 채소를 파는 것까지는 미처 생각하지 못했던 현실 속에서, 인생의 큰 결심을 필요로 하는 '귀농'이 아니라 '반농'만으로도 농사일에 대한 꿈이나 동경을 실현하고, 경제적인 여유까지 챙길 수 있다는 점에서 이 책은 도움이 될 것 같습니다.

Part 1부터 4까지는 실질적인 반농생활을 안내해 주며, Part 5에서는 반농생활의 생산물들을 어떻게 판매하면 좋을지 구체적으로 소개합니다. 저자는 이미 일본에서 수많은 이들에게 반농생활로 자급자족을 넘어 월 100만 원, 연 1,000만 원의 결실을 맺게 한 사례가 있습니다.

모쪼록 가볍게만 보일 수 있는 이 한권의 책이 선험자들의 지혜와 경험을 전해 여러분의 삶을 풍요롭게 하고, 행복한 삶을 여는 열쇠가 되기를 진심으로 기원해 봅니다.

옮긴이

반농생활이란
무엇일까?

평일에는 도시에서 회사를 다니고, 주말에는 교외에 있는 밭에서 즐겁게 채소를 키웁니다. 그리고 키운 채소를 먹고, 많을 때는 파는 것. 그것이 반농생활(半農生活)입니다.

사실, 생각보다 쉬운 것입니다. 채소를 키운 적이 없는 초보자라도 가능합니다. 키우는 것만이 아니라 파는 것도 의외로 간단하기 때문입니다. 하기에 따라 매월 약 100만 원의 수입을 챙길 수도 있어서 부업으로 치면 연 수입 1,000만 원 정도도 가능합니다.

설마라고 생각하는 분이 있다면 이 책을 읽어 보세요. 반농생활을 시작하는 방법부터 채소 키우는 법, 파는 법까지 소개하므로 여러분께 반드시 도움이 될 것입니다.

실제로 저는 채소를 키우기 시작한 첫해부터 주말에만 하는 반농생활로 2,000m²의 밭을 경작해서 채소를 키워 먹고, 팔기까지 했습니다. 가령 바자회 같은 곳에 제가 키운 채소를 가지고 나가면 순식간에 다 팔려나가곤 했습니다. 아는 사람의 가게나 자원봉사 단체에 채소를 들여놓고 팔아보지 않겠냐고 물으면, 대부분은 곧바로 수락해 주었습니다. 이러한 체험을 통해 제가 느낀 것은 다음과 같았습니다.

- 채소는 스스로 자라는 힘을 가지고 있다.
- 그래서 완벽하게 돌보지 않아도(초보자가 키워도) 채소는 자란다.
- 부업 정도라면 초보자가 키워낸 채소라도 팔린다.

다른 일과 농사를 같이 하는 사람이 텃밭에 나갈 수 있는 것은 주말뿐이라, 평소에는 회사 근무나 다른 일을 하는 게 보통입니다. 그렇다면 도심에 사는 평범한 샐러리맨이나 직장

여성들이 반농생활을 시작해도 잘 해나갈 수 있을 것이라고 생각하게 된 것입니다.

그리고 '농사에 관심이 있다' '채소를 키워 보고 싶다' '그렇지만 어렵지 않을까?' 라든가, '무엇부터 시작해야 할지 모르겠다' 는 등의 이유로 주저하는 사람에게 제 경험을 전해주고 싶었고, 그런 사람들의 '반농생활'을 응원하고 싶은 마음에 저는 '채소재배 레슨 프로' 가 되었습니다.

채소를 키워 본 적이 없는 초보자라도 작은 거실 크기 정도의 채소밭이라면 손쉽게 시작할 수 있습니다. 그렇게 실제로 채소밭을 시작해 보면 1년 내내 각양각색의 채소를 즐길 수 있게 됩니다.

채소가 많이 수확되면 식비도 아낄 수 있고, 많이 먹다 보면 건강에도 좋습니다. 건강해지면 당연히 의료비도 줄어들겠죠. 한편으로는 어린이들의 체험교육에도 좋습니다. 게다가 교외에 농지를 구해서 많이 키운 채소를 팔 수만 있다면 용돈이 생길 뿐만 아니라 매월 안정적인 부수입까지 얻게 됩니다.

반농생활을 즐기면서 연 수입을 1천만 원 정도 더 늘리는 것은 결코 꿈만은 아닙니다. 또 농업과 관련해서 새로운 사람들과 다양하게 알고 지낼 수도 있습니다. 그렇게 되면 여러분의 인생이 점점 더 충실해지지 않을까요? 이 책은 그런 '반농생활' 을 즐기기 위한 가이드북입니다. 이 책을 계기로 부디 행복한 반농생활이 시작되기를 바랍니다.

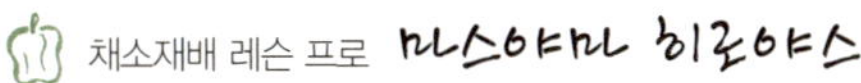

Contents

PART 1

누구나 쉽게
반농생활을
시작할 수 있다

반농생활이란 평소에는 회사 근무를 하면서 휴일에 텃밭에 나가 채소를 키우고, 먹고 파는 식으로 도회지형 삶에 농업을 결합한 라이프 스타일을 말합니다. 반농생활을 시작하면 자신이 키운 안심할 수 있는 채소를 먹을 수 있을 뿐만 아니라, 채소를 살 필요가 없어져 가계에 도움이 되기도 하고, 텃밭에서 하는 적당한 노동으로 건강해집니다. 이와 같은 좋은 점들은 물론, 키워낸 채소를 팔아 용돈을 저축할 수도 있습니다. 더 많이 키워서 팔면, 매월 100만 원 내외의 안정적인 부수입도 결코 꿈만은 아닙니다. 채소를 키우는 반농생활은 누구나 쉽고 간단하게 시작할 수 있습니다.

16m²(약 4~5평) 정도의 텃밭이라면 삽 한 자루만 가지고도 시작할 수 있기 때문에, 처음부터 다양한 농기구를 갖출 필요도 없습니다. 씨앗이나 모종, 비료, 도구 등의 비용을 합해도 작은 채소밭이라면 10만 원도 채 들이지 않고 시작할 수 있을 겁니다.

텃밭에서 채소를 키우는 것은 생각만큼 큰 수고를 필요치 않습니다. 햇볕이나 토질이 좋은 밭이라면 채소는 혼자서도 잘 자라나기 때문입니다. 파종이나 모종 심는 시기와 방법만 잘못되지 않으면 평일에 물주기를 하지 않아도 주말에만 돌보는 것만으로도 별 문제 없이 수확할 수 있습니다.

요약해 보면 밭에서 채소 키우기는 다음과 같은 장점이 있습니다.

- 적은 도구로 시작할 수 있다(삽 한 자루로 시작!).
- 큰 비용을 들이지 않아도 좋다(소액으로 시작할 수 있다).
- 주말에만 돌봐줘도 괜찮다(평일에 따로 물 줄 필요가 없다).

이와 같은 이유로 바쁜 사람이라도 누구나 가볍게 시작할 수 있으며, 부담없이 도전해 볼 만합니다.

16m² 크기의 작은 텃밭에서 시작!

실제로 반농생활을 시작해 보면 채소가 넘칠 정도로 많아집니다. 가령 사방 1m 크기의 텃밭이라도 매주 1~2kg의 채소를 수확할 수 있기 때문입니다. 초보자가 키우기 쉬운 상추나 시금치의 경우, 대개 15cm 간격으로 사방 1m 안에 가로세로 5~6주(포기)씩 나란히 심어주면 30주가 됩니다. 상추는 포기를 남긴 채 잎만 따내므로 1주일 정도만 있으면 또 다시 새로운 잎을 딸 수가 있습니다. 이것을 반복하면 계절에 따라 다르겠지만, 대략 2~4개월간은 같은 줄기에서 몇 번이고 수확할 수 있는 것입니다.

30주 전부를 상추나 시금치로만 하지 말고 치커리나 근대, 아욱 등 색색의 다양한 채소를 조금씩 심으면 매일 다채로운 샐러드를 먹을 수도 있겠지요. 이밖에 토마토나 가지도 비슷하게 수확할 수 있습니다. 요즘 도회지 주변이나 시 외곽에서 대여해 주는 텃밭들은 보통 16m²(약 4~5평) 정도로, 대략 작은 거실 크기만합니다. 이 정도 크기의 텃밭이라도 잘만 순환시키면 텃밭의 반 정도에서 늘 채소를 수확할 수 있으므로, 매주 약 10kg, 하루에 약 1.4kg의 채소를 수확하게 되는 것입니다. 그러므로 여러분도 적은 비용과 조금의 수고로 반농생활에 도전해 보기 바랍니다.

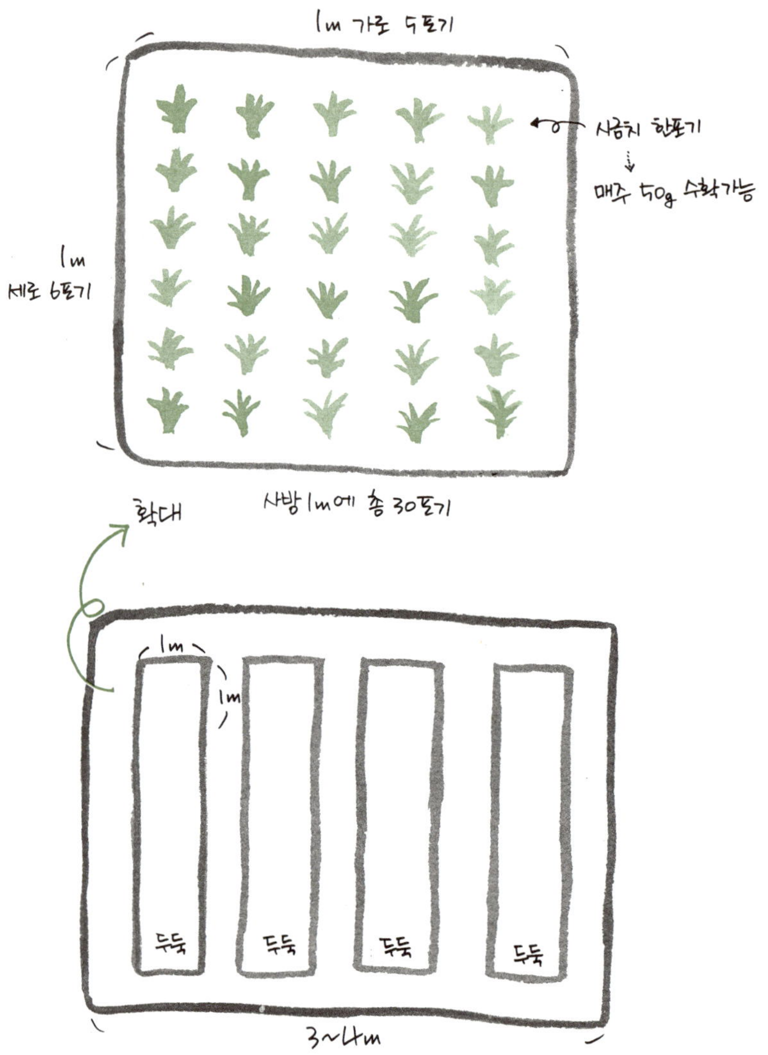
1m 가로 5포기
시금치 한포기
매주 50g 수확가능
1m
세로 6포기
사방 1m에 총 30포기
확대
1m
1m
두둑
두둑
두둑
두둑
3~4m

**❝ 전업농은
어려워도
반농생활은
쉽다 ❞**

생물과 접하면서 수확을 맛볼 수 있는 농사는 무척 즐거운 체험입니다. 사시사철 밭에 나가면 색색의 채소를 딸 수 있기 때문입니다. 채소밭에 나가면 "와~ 싹이 나왔다!" "꽃이 폈다!" 등 늘 새로운 일이 기다리고 있어서 그때마다 즐거운 기분을 느낄 수 있습니다. 그렇다고 해서 도회지에 사는 사람이 당장 시골로 이사 가서 '전업농사를 하자'라든가 '시골생활을 하자'라는 것은 좀 무리가 있다고 생각합니다. '전업농=직업'으로 농사를 시작하는 것은 그리 간단한 일이 아니기 때문입니다.

농사를 직업으로 하려면 우선 '수요자'와 '시장'의 요구에 맞춰서 채소를 키울 필요가 있습니다. 농사에서 채소의 생육은 원래 기후와 날씨에 크게 좌우됩니다. 그렇기 때문에 기후변화에서 시장의 동향까지 모든 것을 미리 읽어내고, 안정적으로 일정한 품질 이상의 생산물을 계속 공급하려면, 파종이나 모종을 심는 시기에 치밀한 계획을 필요로 하는 등 초보자가 쉽게 도전할 수 있는 일이 아닙니다.

또, 농기구에 드는 비용도 전업농이 되면 많이 필요합니다. 가령 본격적인 작업을 위해 트랙터 한 대를 장만하려 해도 무척 큰 비용이 드는데다 비닐하우스로 뭔가를 재배하려면 시설비와 난방비만도 상당한 액수가 듭니다.

반농생활의 규모는 최대 1,000~3,000m²(300평~1,000평)의 농지로 한정하는데, 보통의 전업농에게는 최소 수준 이하의 규모에 해당하기 때문입니다. 규모가 커지면 그만큼 드는 비용도 커집니다. 농업으로 먹고 살기 위해서는 몇만 m²의 농지에 큰 자금을 투입해서 작물을 수확해야 하는데, 그 정도는 기본이라고 합니다.

게다가 도회지에서 시골로 이주해서 전업농이 될 경우에는 그 지역 사람들과의 낯선 인간관계나 관습, 생활양식 등에도 구속받게 됩니다. 전업농이 되는 것(귀농)은 그래서 꽤나 중대한 결의를 필요로 합니다.

반농생활은 잘만 하면 여윳돈도 모을 수 있다

이에 비해서 반농생활은 큰 부담 없이 즐겁게 시작할 수 있습니다. 도시에 살면서 보통 때는 원래 하던 일이나 생활을 계속하고, 주말이 되면 텃밭에 나가서 재배나 수확을 즐깁니다. 레저의 연장선상에 있는 듯한 농업이 바로 반농생활입니다. 앞으로 자세하게 서술하겠지만, 반농(半農)으로 채소를 키우는 것은 그렇게 어려운 일이 아닙니다.

채소는 원래 스스로 자라는 힘을 가지고 있어서 그것을 도와주기만 하면 완벽하게 돌보지 않아도 꽤 수확할 수 있기 때문입니다.

그리고, 드디어 수확할 수 있는 단계에 이르면, "우와~! 잘 자랐네! 그럼 따서 먹어 볼까?" "우리만 먹기엔 너무 많으니까, 바자회나 아는 사람들에게 팔아 볼까?" 등의 생각이 들어 충분히 즐기면서 벌이가 됩니다. 결국, 반농생활은 먹고 끝나는 것이 아니라 우리가 몰랐던 또 다른 길도 열어줍니다.

딱히 기계나 시설에 투자할 필요도 없고, 지출하는 비용도 레저비 정도만으로 즐길 수 있는데다 용돈벌이나 안정적인 부수입으로도 연결됩니다.

경작하는 면적도 거실 정도 크기의 작은 규모에서 시작하는 것이 가능합니다. 게다가 새로운 인간관계도 그다지 신경 쓸 필요가 없습니다. 전업농이 되면 부근의 농가를 포함해서 그 지역의 사람들과 잘 지낼 필요가 있고, 그 지역에 뿌리내린 습관 등에도 적응해야 합니다. 그러나 반농생활은 그 지역에 거주하는 것이 아니기 때문에 365일 24시간, 늘 신경을 쓸 필요도 없는 것입니다.

물론, 전업농이 되어 농사를 직업으로 삼는 것도 다른 직업에서는 맛볼 수 없는 재미와 보람이 있겠지요. 그러나 농업을 직업으로 하려는 것이 아니라 시골생활이나 자연이 좋아서, 농사로 마음의 평정을 얻을 수 있다든가 그런 생각을 가지고 있다면 전업농인 귀농(歸農)이 아니라 '반농(半農)'을 권합니다.

일본 후생노동성이 진행하는 '건강일본21'이 추천하는 1일 채소섭취량은 350g인데, 작은 거실 크기의 채소밭이라면 이 3~4배 양의 채소를 수확할 수 있습니다. 피부 단백질의 일종인 콜라겐의 재료가 되는 것은 육류나 생선이지만, 비타민C가 부족하면 아무리 고기와 생선을 많이 먹어도 생성된 콜라겐은 파괴되기 쉽고 불안정해집니다. 콜라겐은 체외에서 흡수되지 않으므로, 고기나 생선만이 아니라 채소를 많이 먹어서 비타민C를 섭취하지 않으면 건강한 피부는 만들어지지 않습니다.

채소에는 비타민이나 미네랄, 식이섬유 외에 수천 종에서 수만 종에 이르는 파이토케미칼도 함유되어 있습니다. '파이토케미칼'이란 식물에서 생성되는 고유의 항산화물질로, 이 물질은 컨디션을 조절하고 젊은 몸을 유지하는 데 도움을 줍니다. 반농생활을 통해서 채소를 키워 먹으면 건강한 생활을 실현하는 것은 물론 젊음과 아름다움까지 잡을 수 있습니다.

대표적인 농작물로는 과일, 쌀, 채소 등을 들 수 있는 데, 반농생활로 농사에 도전해 볼 생각이라면 채소재배를 추천합니다. 여가를 이용해 재배할 수 있는데다가 비교적 단기간에 수확이 가능하기 때문입니다. 이에 비해 과일이나 쌀을 재배하는 것은 반농생활과는 잘 맞지 않습니다. 과수를 중심으로 반농생활을 생각하는 것은 꽤 비현실적입니다. 원래 과수는 '복숭아·밤 3년, 감 8년'이라고 해서, 복숭아나 밤은 심고 나서 3년은 지나야 수확을 할 수 있고, 감은 8년은 걸려야 한다는 이야기가 있을 정도로, 수확까지 꽤 오랜 시간이 걸립니다.

주말농장이나 텃밭의 이용기간은 보통 1년 단위로, 개인적으로 농지를 빌리는 경우에도 계약기간이 비슷할 겁니다. 그렇기 때문에 이용기간 중에 수확할 수 없게 됩니다. 게다가 채소밭에 과수 나무를 심게 허락해 주는 일은 드물 겁니다. 어떤 곳은 이용규정 속에 확실히 과수심기를 금지하고 있는 곳도 있습니다. 나무는 뿌리가 꽤 깊고 크게 뻗어서 토목기계를 사용하지 않으면, 한번 심은 과수를 제거하는 것이 무척 어렵기 때문입니다. 만약 나무를 제거하지 않으면 그 농지를 다음 이용자에게 빌려주는 것도, 땅주인이 다시 사용하는 것도 불가능하게 됩니다.

과수와 벼농사는 반농생활에 맞지 않는다

그렇다면 벼는 어떨까요? 쌀은 간단한 원리로 키울 수 있다고들 해서, 일본에서는 햇볕만으로 벼를 키우는 겸업농사를 짓는 분도 많습니다. 그러나 벼농사는 물대기를 부지런하게 해줄 필요가 있습니다. 물대기라는 것은 논에 물을 줄이거나 다시 넣어주거나 하는 작업을 말합니다. 벼농사는 단순히 논에 물을 쫙 깔아놓으면 되는 것이 아닙니다.

벼를 키우기 위해서는 통근이나 통학 도중이라도, 매일 벼 상태를 점검하고 물을 조절할 필요가 있는 것입니다. 그런 이유로 자택에서 멀리 떨어진 농지로 다닐 경우에는 벼농사로 시작하는 것이 어렵다고 할 수 있습니다. 게다가 논의 물을 대는 수고는 논이 크든 작든 마찬가지로 힘이 듭니다.

또 보통 논은 대개 1마지기=1,000m² 정도로 구획되어, 그 구획단위에 따라 물의 관리가 이뤄집니다. 그래서 논의 경우라면 33m² (약 10평) 정도의 소구획을 빌려서 적응해 가며 농사를 시작하는 방식이 성립되기 어렵습니다. 크게는 못하더라도 최저한 1,000m² 정도는 해야 하므로 벼농사는 반농생활을 하려는 초보자가 시작하기엔 적합하지 않다는 것입니다.

과수나 쌀에 비해서 채소는 반농생활이나 주말농사에 잘 어울립니다. 채소는 심고 나서 길어야 반년 정도, 시금치라면 씨를 뿌리고 나서 1개월 정도면 수확해서 먹거나 팔 수 있습니다. 즉, 빠른 성과를 보는 것이 가능하다는 뜻입니다. 또 주말에만 돌봐줘도 채소는 잘 자라 줍니다.

수확 후에 채소의 줄기는 과수와는 달리 수작업만으로도 정리할 수 있습니다. 1m²든 10m²든 작은 크기의 텃밭에서 시작하는 것이 가능한 것도 채소재배의 특징입니다. 그러므로 반농생활의 출발은 채소로부터! 일단, 목표를 그렇게 좁혀서 시작해 봅시다.

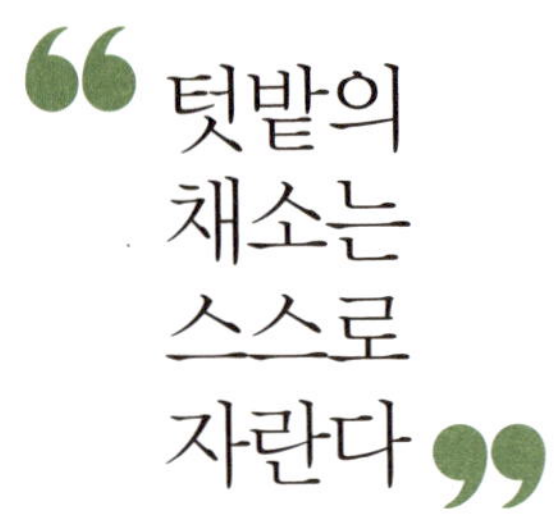

반농생활의 첫 단계는 텃밭에서 시작합니다. 그렇지만 채소재배를 해본 적이 없다든가, 화분에도 잘 못 키우는데 텃밭에서 가능할까 싶어 불안한 사람들도 있을 겁니다. 그렇지만 걱정할 필요가 없습니다. 초보자라도 텃밭에서 시작하면 채소를 키우는 것이 쉽습니다. 채소는 살아있는 생물이기 때문입니다. 식물인 채소는 본래 스스로 자라는 힘을 가지고 있기 때문에 그냥 놓아두어도 꽤 잘 자라 쉽게 수확할 수 있게 됩니다.

그러므로 어렵게만 생각하지 말고, 일단 나가서 텃밭을 구해 보도록 합시다. 저의 경우에도 처음 키운 채소를 별로 돌봐주지 않았음에도 불구하고 수확하게 되어서 "뭐야? 이렇게 간단해?!" 하고 깜짝 놀랄 정도였습니다. 제가 처음 재배에 도전한 것은 시금치와 쑥갓, 무 등이었습니다. 그때는 '멀칭 재배' 라고 해서 농업용 폴리시트를 깔고 채소를 키우는 방법으로 재배했기 때문에 꽤나 간단했습니다.

무의 경우 씨를 뿌려서 싹이 나온 후에 할 것이라고는 무잎 솎아주기 정도였습니다. 솎아주기는 작물의 포기와 포기 사이를 띄어주기 위해 생육이 나쁘거나 약한 싹을 따내 좋은 줄기만 남기는 작업입니다. 무를 재배할 때 보통은 북주기(배토)라고 해서 포기 밑동의 흙

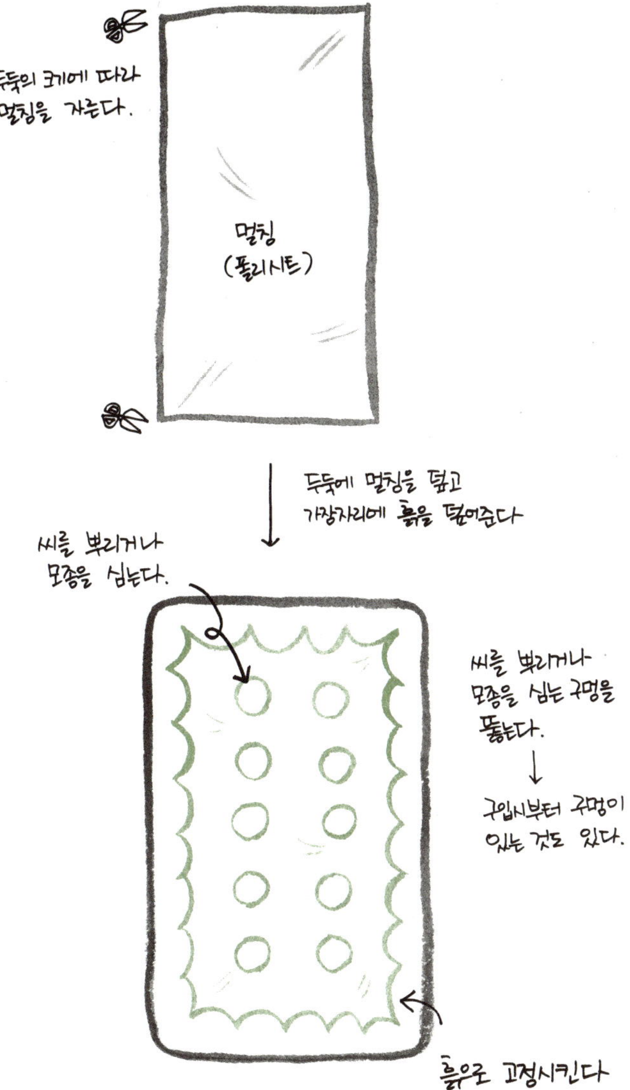
두둑의 크기에 따라
멀칭을 자른다.
멀칭
(폴리시트)
두둑에 멀칭을 덮고
가장자리에 흙을 덮어준다
씨를 뿌리거나
모종을 심는다.
씨를 뿌리거나
모종을 심는 구멍을
뚫는다.
구입시부터 구멍이
있는 것도 있다.
흙으로 고정시킨다

을 모아서 올려주는 작업이나 농약살포 등을 할 필요가 있는데, 멀칭 재배의 경우에는 멀칭이라고 불리는 작업용 폴리시트를 깐 위에서 재배하므로, 북주기를 할 필요가 없는 것입니다.

게다가 저는 무농약으로 재배하고 싶어서 농약은 살포하지 않았기 때문에 그만큼 수고도 덜 들었습니다.

시금치 등의 잎채소들은 멀칭을 사용할 경우에는 따로 솎음질을 하지 않아도 된다고 들어서, 정말로 아무것도 해 주지 않았습니다. 그래도 씨를 뿌린 직후에는 언제 싹이 나올지 안달복달했는데, 생각해 보면 조바심치는 것 외에 아무것도 하지 않았던 것이 기억납니다.

예전에 채소를 키우는 전업 농부 한 분을 만났을 때, 밭 한 곳에 주 1회에서 2회 정도밖에 둘러보지 않는다는 얘길 듣고 깜짝 놀란 적이 있습니다. 그분은 조금 떨어진 장소에 밭 4곳을 가지고 계셨는데, 각각의 이동거리가 30분에서 1시간 정도 걸리는 곳이었습니다. 그 때문에 매일 4곳의 밭을 모두 돌아보는 일은 불가능합니다. 그래서 오늘은 강 저쪽 밭에 가고, 다음날은 하우스가 있는 밭을 둘러보는 식으로 매일 다른 밭을 둘러보십니다. 언뜻 보면 매우 바쁘게 보이지만, 1개 밭의 채소 모종들 입장에서 보면 대단한 수고를 들이지는 않는 셈입니다.

그 정도 빈도수만으로 돌봐도 채소가 잘 자란다는 것이 그때는 신선한 발견이었습니다. 어쩌면 채소밭 일이 힘들 거라고 생각하는 것은 화분에서 채소나 화초를 키워 본 경험이 있기 때문이 아닐까요? 화분은 인공적인 환경이라 매일 물을 줘야 하고 세심하게 돌볼 필요가 있습니다. 아무것도 해주지 않으면 채소나 화초가 시들고 죽어버립니다.

하지만, 밭의 채소는 대지에 뿌리를 내리고 있어서 자력으로 물을 흡수하며 커나갑니다. 전업 채소 농부라도 대개는 비에 맡기고 물을 따로 주지 않습니다. 그러니 여러분도 채소 재배를 어렵게 생각하지 말고, 편한 맘으로 즐겁게 반농생활을 시작해 봅시다.

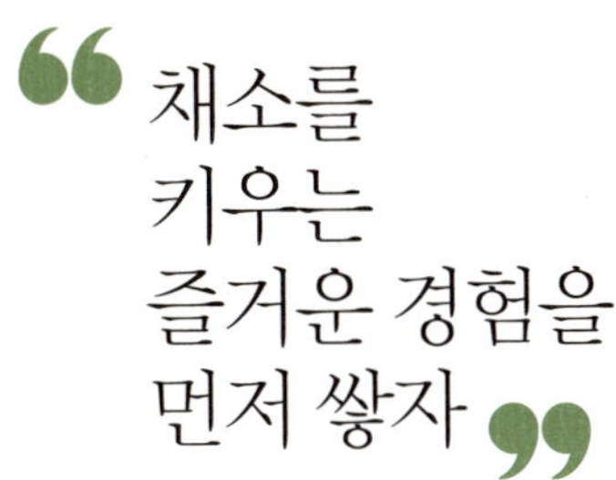

실제로 채소밭에 나가보면 채소를 키우는 것이 얼마나 간단한지 실감할 수 있습니다. 그것을 체험하도록 제가 운영하는 채소밭클럽에서는 '채소밭 만들기 1DAY 레슨'을 진행하고 있습니다. 이것은 작은 거실 크기 정도의 장소에 실제로 씨를 뿌리거나 모종을 심어서 채소를 키워 보는 하루 코스입니다.

여기서는 괭이 사용법을 익히는 체조를 시작으로 강습을 하는데, 하루 과정이 끝나고 나면 '채소를 키워 본 적이 전혀 없는데도 밭을 쉽게 만들어냈다' 며 감동하는 사람이 많이 있습니다.

시간이 조금 지나 자신이 씨를 뿌렸거나 모종을 심었던 채소가 자란 모습을 보러 와서 감동하는 사람도 많이 있습니다. 개중에는 "어머! 한 달 만에 이렇게나 빨리 자랐어? 같은 시기에 씨를 뿌린 우리집 화분은 아직도 작은 싹 그대로인데" 하고 밭에서 자라는 채소들의 빠른 성장에 감탄하는 사람들도 있습니다.

저는 1DAY 레슨 외에 채소밭 코디네이터 등 다양한 강좌를 맡아 강의하고 있는데, 어떤 강의를 하든 수강생들에게 채소를 키우는 '기술' 이전에 채소를 키우는 '즐거움'이나 '손쉬움'을 실감하는 데 주안점을 두고 강의합니다.

채소재배 강습 일을 하게 되고 나서 '채소를 키우고 싶어도 어디서부터 시작해야 할지 모르겠다'는 사람이 많은 것을 깨달았기 때문입니다. 의외로 꽤 많은 사람들이 '재미있을 것 같지만, 번거롭거나 어렵지 않을까?' 하는 막연한 불안을 실제로 느끼고 있었습니다.

재배기술보다 실제 체험이 중요!

일이든 스포츠든 실제로 해 보지 않으면 모르는 부분이 있기 마련입니다. 그러나 농업은 그 모르는 정도가 일이나 스포츠에 비할 바가 못 된다고 생각합니다. 가령 기업을 운영한다든가 가게를 연다고 할 경우, 일을 하고 있는 사람이라면 사무실이나 점포를 빌리기 위해서 어느 정도 돈이 드는지, 책상이나 테이블은 어느 정도 준비해야 하는지 등은 차분히 생각해 보면 어느 정도는 상상할 수 있는 것입니다.

그런데, 농업은 다릅니다. 대부분의 사람들은 '어느 정도 넓이의 땅이 필요할까?' 라든가 '어느 정도 수고가 들까?' 전혀 짐작할 수 없습니다. 저 자신도 채소밭에 나가 보기 전에는 채소의 재배는 어렵지 않을까? 너무 힘든 건 아닐까? 등 막연하게만 생각하고 있었습니다. 어디가 어떻게 어렵고 힘든지도 모른 채 말입니다. 실제로 채소밭에 나가 보고 '어, 이렇게 쉬운 거였어?' '이 정도로도 채소가 자라나는구나!' 하고 깜짝 놀랐을 정도니까요. 그래서 처음부터 해낼 자신이 없다면 우선은 약 16m²(약 5평)에서 체험재배 가능한 농작업을 지도하는 체험교실이나 주말농장 등에 다녀 보고 나서, 정식으로 자신의 채소밭을 구하는 것이 좋습니다. 그리고 '이 정도만으로도 채소가 자라는구나' 하고 실감해 가는 것. 그것이 가장 중요하다고 생각합니다.

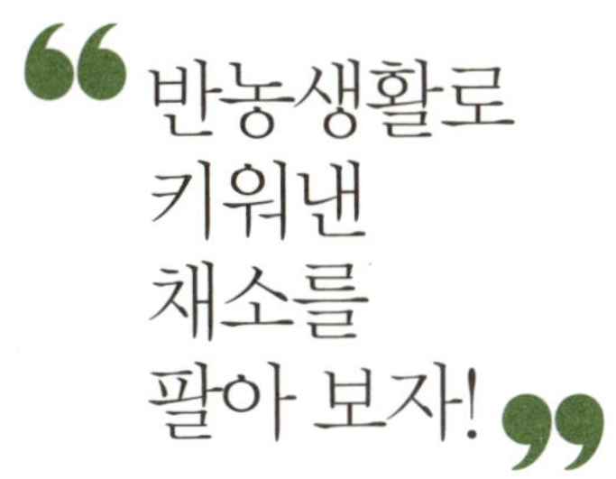

채소를 판다는 것 역시 정말 즐거운 경험입니다. 저도 처음 키운 쑥갓이나 무가 호평을 받자 너무 즐거운 나머지, 점차 다음에는 이런 걸 해봐야지 하며 여러 가지 생각을 키워나가다가 어느새 '채소재배 레슨 프로'가 되었습니다. '식(食)'은 인간에게 있어서 기본적인 니즈임과 동시에 인간은 식 문화를 통해서 커뮤니케이션을 하는 생물이기도 합니다.

그 증거로 인간은 언제나 함께 모여서 식사를 합니다. 그렇기 때문에 생산자로부터 직접 채소를 사게 되면, 소비자들의 얼굴에는 생기가 돕니다. 싫어하는 것을 억지로 사서 먹는 사람은 없습니다. '아, 맛있겠다!' '향이 정말 좋은데!' '이렇게 신선한 채소가 있다니!' '가게보다 훨씬 싸네'라고 생각하기 때문에 사는 것입니다. 채소를 직접 보거나 만져보면서 돈을 지불하는 소비자의 행동과 느낌은 판매자에게 생생하게 전해집니다. 그리고 그것은 채소를 키워낸 여러분 자신에 대한 평가와도 같은 기분이 듭니다. 손님이 산 그 채소는 다른 곳에는 없는 여러분 자신이 키워낸 것이기 때문입니다.

생산에서 판매까지 모든 과정에 자신이 직접 관여한 채소가 좋은 평가를 받아 손님이 돈을 주고 갑니다. 그럴 때 말로 다할 수 없는 감동이 여러분 안에 솟아납니다. 돈을 얼마나

버느냐 뿐만 아니라, 채소를 판다는 것 자체가 퍽 즐거운 경험이기 때문입니다. 한번 해본다면 그만둘 수 없을 정도입니다. 이 경험은 분명 본업에도 좋은 영향을 줄 것입니다. 반농생활을 시작해서 채소를 수확할 수 있었다면 꼭 한번 그 채소를 팔아보세요. 여러분도 분명, 파는 즐거움을 실감하게 될 것입니다.

잘 팔리면 연 수익 1천만 원도 꿈은 아니다

반농생활로 키워낸 채소를 팔면 부수입도 생깁니다. 이 책을 손에 든 모든 사람들의 목적 중 하나이기도 할 것입니다. 많이 벌려면 특별한 노력이나 다양한 아이디어가 필요하겠지만, 주말에만 하는 반농생활로도 월 약 100만 원, 연간 1천만 원 정도의 수입을 얻을 수가 있습니다.

자세한 것은 뒤에서 서술하겠지만 주 1회 농사짓는 일로 가능한 규모는 대개 1,000~3,000m² 정도입니다. 제 경험으로 설명하자면 너비 1m에 길이 10m 정도 밭의 두둑에서 평균 20만 원 정도의 수익을 얻었습니다. 두둑은 채소 등의 농작물을 키우기 위해 흙을 쌓아 높인 부분입니다. 가령 1,000m² 라면 통로의 공간이나 두둑 간격 등을 충분히 두어도 이 크기의 두둑이 80개 정도는 가능하므로, 연간 2~3회 회전시키면 대략 2,500만 원의 매출이 됩니다. 거기에서 필요경비를 빼도 연간 1,000만 원 정도의 수입을 얻을 수 있다는 계산이 나옵니다.

물론 부업으로 1년에 1천만 원의 수입을 모은다는 것은 채소도 잘 키우고 파는 것도 제대로 잘 팔아야 하지만, 불가능한 일은 절대 아닙니다. 오히려 다른 업종의 일을 주말마다 따로 더 하는 것보다 쉬운 편입니다.

용돈벌이라면 간단하게 가능!

한편 용돈 정도만 벌고 싶은 게 목적이라면 더 간단히 이룰 수 있습니다. 저는 제가 키운 채소를 다양한 곳에 가지고 나가서 팔았습니다. 처음 참가했던 바자회에서 가지고 간 채소가 순식간에 다 팔리자 재미가 들려서, 각종 바자회나 이벤트에 계속 채소를 가지고 나가 팔았습니다. 또 아는 사람들에게 '채소 좀 살래?' 하고 말하면 대개는 사 주었고, 동네 길가에서만 팔아도 다 팔리곤 했습니다.

바자회나 이벤트 회장에서 채소를 파는 경우에는 한 번 나갈 때마다 10만 원에서 20만 원 정도는 매상이 나왔습니다. 벼룩시장에서 중고옷이나 액세서리를 파는 경우, 하루 매상이 5만 원에서 10만 원 정도가 가장 많다고 하는데, 그것보다는 제법 수입이 좋은 편이라고 할 수 있습니다.

벼룩시장이나 바자회에서 채소를 팔아 모은 돈으로 여행을 가든가 새 옷을 살 수도 있습니다. 물론 자신을 위한 재투자나 가족을 위해 쓸 수도 있겠지요. 채소판매는 용돈벌이로서는 꽤 매력 있는 수단입니다.

여담이지만, 일본의 시민농원법에는 '비영리 원칙'이 있어서 원래는 시민농원 생산물의 판매는 금지되어 있습니다. 그러나 최근 '생각지 않게 대량을 수확하게 된 경우'에는 거둔 채소를 직판장에서 파는 정도는 '영리'라고 보지 않는다는 법 해석이 나오기에 이르렀습니다.

반농생활을 시작하거나 계속해 나가기 위해서도 평소 인적 네트워크의 폭을 넓혀 두기를 권합니다. 요즘 4, 50대에는 귀농이 하나의 트렌드로 조용한 붐을 일으키고 있는데, 이들의 출신을 보면 농사를 짓는 농가였던 경우가 많아 자연스럽게 귀농으로 이어지기도 합니다. 그래서 가만히 주위를 살펴보면 현재는 도시에 나와서 회사나 점포 혹은 공장 등에서 일을 하고 있는 사람도, 사실은 시골이나 농사하는 집 출신인 사람이 의외로 많습니다. 반농생활을 시작할 때 이러한 사람들과의 네트워크는 무척 큰 도움이 됩니다.

농업과 관련된 인적 네트워크를 폭 넓게 가지고 있으면 가령, 농지를 찾거나 빌릴 때, 아는 농가를 소개받거나 중고 농기구를 빌릴 수도 있고, 채소 키우는 법을 배울 수도 있습니다. 제 경험으로는 도쿄 도내에서 근무하고 있던 지인의 본가가 사이타마 현의 농가였기 때문에 여름에 풀 베는 기계를 가지고 도와주러 와준 일도 있습니다.

도시의 생활패턴에 익숙해져 있어서 농촌의 친밀한 인간관계에 곤란할 때도 있겠지만, 모든 사람들이 서로 도우려고 하는 점은 농촌이 가지고 있는 좋은 문화이자 전통입니다. 평소 폭 넓은 인간관계를 만들면서 반농생활을 하게 되면 농촌 사람들과도 적당한 거리를 유지하면서 서로 도와주는 이점을 살릴 수 있습니다. 또 이런 사람들과의 네트워크 만들기는 여러분이 키운 채소의 판매처를 찾을 때도 도움이 됩니다.

제 경우에는 어떤 모임의 이벤트 실행위원을 같이 했던 사람이 자신의 회사 사람들과 함께 채소를 사주었습니다. 또 농업을 하거나 채소를 팔거나 하는 것에 공감을 해 주는 새로운 인간관계가 만들어질 때도 있습니다.

'식(食)'이란 인간이라면 누구나 관심을 가지는 테마라서, 농사를 시작했다든가 채소를 키우고 있다는 등의 이야기에 귀 기울여 들어주는 사람들이 꽤 많습니다. 자신이 농가를 방문할 경우에도 '텃밭을 키우고 있는데요'라고 말을 꺼내면 '아, 그래요?' 하고 친밀하게 대해 주는 사람이 많을 것입니다. 그래서 다양한 사람들과의 네트워크 만들기는 분명 여러분의 반농생활에 큰 도움이 된다는 것입니다.

채소를 키우면
가계에
확실한
도움을 준다

2008년 일본 총무성의 가계조사에 따르면 경상비 지출은 2인 이상 세대에서 월 평균 약 229,636엔이라고 합니다. 경상비(經常費) 지출이란 소비하는 지출 내역 가운데 집을 고친다든가, 입원비 같은 임시적인 지출을 뺀 지출로, 넓게 말하자면 개인이 평소 꼬박꼬박 쓰는 비용을 말합니다.

그중 30%에 해당하는 69,000엔이 '식비'라고 합니다. 게다가 식비의 약 7%는 채소에 드는 비용인데, 반농생활을 하면 그만큼의 채소값을 들이지 않게 됩니다. 즉, 5,200엔 정도 식비를 절약할 수 있는 것입니다. 채소를 사지 않아도 되는 것만으로 끝나지 않습니다. 반농생활을 시작하면 식탁에 채소가 넘쳐나므로, 채소만으로도 꽤 배가 불러서 다른 식재료를 사는 양이 많이 줄어듭니다. 실제로 제가 그랬습니다.

총무성의 같은 조사에 따르면 채소보다는 육류나 생선 쪽에 20%나 많이 돈을 지출하고 있어서, 고기나 생선에 지불되는 돈의 합계가 채소의 2.5배반 정도였습니다. 이 말은 고기와 생선에 지출하는 돈이 줄어들면, 채소를 사지 않는 분량만큼 여윳돈이 생기므로 한 가족당 월 10만 원 정도는 지출이 줄어드는 계산이 나옵니다.

식비만이 아니라 레저비나 의료비도 줄어든다

게다가 의외의 간접효과도 있습니다. 그중 한 가지는 레저비의 절약입니다. 동 조사결과에 따르면 교양오락비와 교제비의 합계는 월 57,000엔이나 되었습니다. 한편, 일본의 체험농원의 회비는 대개 피트니스클럽 회비와 비슷합니다. 가족끼리 유원지 같은 관광시설에 가는 것을 생각하면 훨씬 싸게 먹힙니다.

텃밭에 친구나 지인을 불러서 키운 채소를 수확하면서 차를 마시면, 비용도 적게 드는데다가 같이 간 사람들과도 훨씬 즐거운 교제가 될 수도 있습니다.

가장 큰 간접효과는 의료비의 절약입니다. 동 조사결과에 따르면 입원비 등의 비일상적인 지출은 평균 월 67,000엔 정도로 불시에 지출하게 되어 가계에 큰 부담이 된다는 것을 알 수 있었습니다. 그렇지만 반농생활로 채소중심의 식생활로 바뀐다면 이 부담도 줄일 수가 있습니다.

1980년대 후반까지 일본인의 식생활은 쌀과 채소, 거기에 고기와 생선 등의 밸런스가 잘 잡혀 있었습니다. 그러나 그 이후부터 이상적인 '일본형 식생활'이 붕괴되고, 단백질이나 지방과다의 식생활로 바뀌었다고 합니다. 한국도 이와 비슷한 상황일 것입니다.

건강한 일본형 식생활이 붕괴되자 암이 증가하고 있습니다. 암으로 인한 사망자수는 20년간 배로 늘어난 수치를 보이고 20세기 중반인 1950년에는 암으로 죽는 사람이 13명 가운데 1명 정도였는데, 21세기에 들어설 무렵에는 3명 가운데 1명까지 증가했습니다.

한국 역시 2008년 한국보건사회연구원의 발표에 따르면 1985년에 비해 암으로 인한 사망이 20%나 증가했다고 합니다. 일본에서는 암으로 한 번 입원하면 평균 70만엔 정도의 지출이 든다고 합니다. 미국의 마크가번 리포트(국민영양문제 미국 상원특별위원회 보고)에서는 식생활을 개선하면 의료비를 3분의 1로 줄일 수 있다고 합니다.

그러므로 반농생활로 채소 중심의 식생활을 하게 된다면, 온가족의 건강과 가정경제에도 아주 큰 도움이 될 것입니다.

PART 2

집에서
편히 다닐 수 있는
농지를 찾자

반농생활을 시작하려는 사람들 가운데에는 채소를 키워본 적이 없는 사람이 더 많을 것입니다. 우선 그런 사람이라도 맘 편히 시작할 수 있는 장소를 찾아야 합니다. 당장 떠오르는 것은 시나 구 등의 지자체가 운영하는 주말농장입니다. 주말농장은 대부분 자택에서 가까운데다가 비교적 싼 비용으로 빌릴 수 있습니다. 그러나 실제로는 경쟁률이 너무 높아서 쉽게 빌리기 어려운 실정입니다.

지자체가 운영하는 주말농장이 아니더라도 자택 가까이에서 텃밭을 구할 수 있는 방법을 소개합니다. 가령 동네 공원이나 가로수 심은 곳 등 조금의 공터라도 텃밭 후보지가 될 수 있습니다. 왜냐하면 시청이나 구청의 공원녹지과 같은 곳에 알아보면 마을 자치회나 자원봉사 단체에 공원이나 공터의 관리를 위탁하고 있는 경우가 더러 있기 때문입니다.

일본에서는 대개의 경우, 3~4인 정도의 단체와 마을 자치회에서 '녹지관리협정' 같은 것을 맺어 종묘대나 비료대, 자재비 등은 구가 부담하고, 자원봉사 단체는 식물을 키우거나 잡초를 제거하는 '녹지관리'를 책임지는 형태를 취하고 있습니다. 저도 자원봉사 단체를 만들어서 주민센터와 녹지관리 협정을 맺은 경험이 있는데, 종묘대나 자재비는 다 쓰지 못할 정도로 예산이 잡혀 있었습니다.

구청이나 주민센터로서는 직원들이 녹지관리를 하는 것에 비해 비용이 훨씬 저렴해서 대환 영입니다. 1개 공원의 녹지를 관리하게 되자, 그 밖의 장소도 맡아달라고 의뢰가 들어올 정 도였습니다.

지자체에 따라서는 녹지관리 협정에 화초를 키우는 것은 인정해도 채소는 곤란하다는 규 제가 있는 곳도 있을 것입니다. 단 그런 경우라도 허브류라면 어떤지, 간단한 나물류라면 인정해 줄 수 있다든가, 화초를 보호하는 커튼 장식처럼 다른 종류의 허브를 키우면 괜찮 은지 상의를 통해 허가받은 경우도 있습니다. 자세한 녹지관리 협정에 대해서는 가장 가 까운 지자체에서 확인해 보세요.

또, 녹지관리 협정과는 별도로 지역 내 공터를 마을 자치회나 어린이회, 부녀회가 주축이 되어 '대화의 장'으로써 채소를 키운다면 괜찮다고 허가해 주는 지자체도 있습니다. 그밖 에 도시공원 일부에 '체험농장'을 만들어 그 농원의 관리를 자원봉사자에게 열어두는 지 자체도 있습니다. 이와 같이 살고 있는 주변의 시가지에도 의외로 채소밭을 만들 만한 장 소는 많이 있습니다. 관심을 가지고 잘 살펴봅시다.

각종 농사모임을 이용한다

시민단체나 기업이 만들어놓은 '텃밭 가꾸기 모임' 같은 곳에 가입하는 것도 한 방법입니 다. 제가 운영하고 있는 '채소밭 클럽'도 일종의 농사모임입니다. 주말농장이나 빌린 텃밭 의 경우, 빌린 이상 책임도 생기므로 꾸준히 자주 다녀야 합니다. 자신의 책임 하에 채소를 길러야 하기 때문에 미경험자에게는 문턱이 높은 느낌도 있을 것입니다.

한편, 텃밭 가꾸기 모임이 직접 관리하는 주말농장의 회원이라면 바빠서 갈 수 없을 때는 농장주나 운영자에게 관리를 부탁할 수도 있고, 재배방법을 지도받을 수도 있어서 그냥 텃밭만 빌리는 것보다는 초보자나 미경험자에게 더 적합합니다.

그런 다음 조금 익숙해지고 나면 직접 텃밭을 빌릴 수도 있습니다. 단, 앞서 언급한 것처럼 지자체의 주말농장은 신청자가 많아서 순서가 금세 돌아오지 않아 빌리기 어려운 편입니다.

그렇기 때문에 아무래도 가까운 장소를 찾고 싶다면, 지역에서 사설 주말농장을 개설해 놓은 경우도 있으므로, 먼저 집 가까이에 그런 곳이 있는지 조사해 보는 것이 좋습니다. 주말농장을 빌리는 것이 아니라 스스로 모임을 만들어서 텃밭을 가꿀 수도 있습니다. 가령 아파트 관리사무소나 부녀회, 생협, 공제조합, 노조 등 여러분이 속해 있는 단체가 근교의 농가와 제휴해서 농사모임이나 체험학교를 만드는 것도 한 방법입니다.

Tip

반농생활의 멘토

- **텃밭보급소**   전국귀농운동본부 도시농업위원회. 수도권 8군데 주말농사학교로 도시텃밭 운영. 도시농부학교도 운영하며, 텃밭 매뉴얼 제작 등을 하고 있다.
  http://cafe.daum.net/gardeningmentor

- **전국귀농운동본부**   생명가치에 입각한 귀농운동을 위한 교육과 생활강좌를 운영 중. 2004년부터 도시농업 활동
  http://www.refarm.org/

- **지역농업기술센터**   지역 이름의 농업기술센터(예, 서울농업기술센터)를 인터넷에서 검색하면 자연체험학습, 옥상농원조성사업, 친환경농업체험교육, 귀농지원 등의 농업인 교육 등의 정보와 지원을 받을 수 있다. 각 지역 홈페이지 참조

- **농촌진흥청**   농촌지도사업 및 농업 관련인에 대한 교육훈련사업
  http://www.rda.go.kr

- **통합농업교육정보시스템**   농업과 귀농에 관한 각종 자료와 교육지원을 받을 수 있는 곳. 농업경영, 품목기술, 정보화 교육, 유통·식품·귀농·소비자 교육을 한다.
  http://www.agriedu.net

제가 경영하는 채소밭 모임도 그런 농사모임을 자주 상담해 주는데, 소속된 단체에서 뜻이 같은 사람들을 모아 의논해 보는 것도 좋습니다.

아예 사용하지 않는 빈 땅을 찾아 텃밭으로 일구고 싶다면 가까운 농촌 지역의 이장, 지역 농어민 상담실, 지역 농업기술센터에 문의해 보는 것도 도움이 될 것입니다.

16m²(약 5평)부터 시작하는 주말농장보다 더 넓은 장소에서 반농생활을 즐기고 싶다면, 어느 정도 넓은 농지를 확보할 필요가 있습니다. 반농생활의 거점 농지로 채소를 키울 장소를 확보하려면 밭으로 구해야 합니다. 농지는 논과 밭, 과수원 3종류로 나뉘는데, 채소를 키우려면 역시 밭이 필요하기 때문입니다. 왜 논이나 과수원은 채소재배에 적합하지 않을까요?

여러분도 원래는 논이었던 곳이 사용하지 않는 농지로 방치되어 있는 것을 본 적이 있을 것입니다. 논이 경작되지 않는 것은 농민들이 고령화 되어 농업이 어려워진 경우나 경작 면적을 줄이는 등 여러 가지 이유가 있을 것입니다.

일본은 전국의 논 면적 약 260만 헥타르 중 줄어든 경작면적이 100만 헥타르 정도라 논 전체의 40% 가까운 면적이 휴경지가 되어 있습니다. 그렇다고 해서 그런 논에서 채소를 키우고 싶다고 부탁하는 것은 초보자라면 절대 그만두는 것이 좋습니다. 논의 흙이나 구조는 채소에 적합하지 않기 때문입니다.

우선 흙을 살펴보면 논에 물이 흠뻑 젖기 쉽도록 심토(心土)를 채워 넣었기 때문에 흙 속에 산소가 적고 약산성에 가깝습니다. 채소를 기르기 위해서는 흙에 공기가 잘 통해서 뿌리가 호흡할 수 있는 흙이 바람직합니다. 또 채소를 재배하는 흙은 중성이나 중성에 가까운 약산성(산성도는 PH6.5~7.0 정도) 상태가 좋다고 알려져 있습니다.

그래서 논은 구조적으로 채소 키우기에 적합하지 않습니다. 논은 주변을 논두렁으로 둘러싸서 벼를 키우는 장소인 안쪽 바닥이 논두렁보다 한층 낮습니다. 구조적으로 물을 채워넣기 쉽게 만들어져 있어서 큰 비가 내리면 침수되기 쉽고, 물도 잘 빠지지 않습니다.

채소의 뿌리는 대개 24시간 정도 호흡하지 않아도 버틸 수 있습니다. 비가 그치고 곧바로 물이 빠져서 흙 속에 신선한 공기가 흘러 들어가면 아무 문제없이 건강하게 자랄 수 있지만, 논의 경우에는 논두렁 안쪽에 저장되어 있는 물이 잘 빠지지 않아 채소의 뿌리가 호흡할 수 없게 됩니다.

논과 과수원 흙은 채소재배에 부적합

이런 이유에서 논은 채소생육에 적합한 토지가 아닌 것입니다. 또 휴경 상태가 너무 오래되면 잡초가 무성해져 있거나 채워져 있던 심토가 갈라져 버리기도 하고 논두렁에서 물이 넘쳐 흘러들어와 버린 논도 있습니다. 그런 장소라면 채소의 뿌리가 호흡하기 쉬운 환경으로 돌아왔다고 해도, 잡초가 무성한 장소를 보통의 농지로 재생시키는 것은 꽤나 힘든 일입니다. 그래서 초보자가 채소재배를 한다면 당연히 '논' 보다 '밭'을 찾아야 하는 것입니다.

그렇다면 과수원은 어떨까요? 과수원의 흙은 논처럼 주변을 논두렁으로 에워싸서 물을 넣어둔 구조가 아닙니다. 그래서 과수원의 흙이나 구조는 논에 비하면 채소를 키우기에 쉬울지도 모릅니다. 단, 과수원은 사과나 귤, 배 등의 나무가 몇 그루 쯤은 그대로 심어져 있는 상태이기 때문에 식목이 빛을 가려서 채소의 생육속도가 늦어집니다.

또 흙을 약간만 파서 일궈놓았기 때문에 채소를 키우기 위해 흙을 일구려면 나무의 뿌리가 닿아서 불편합니다. 그렇다고 과수원의 나무를 벌목해서 밭으로 바꾸기도 상당히 어렵습니다. 사람의 힘으로 그 많은 나무를 도끼나 톱을 사용해 잘라내는 일은 초보자로서는 거의 불가능합니다. 게다가 어떻게든 표면에 나와 있는 나무를 잘라냈다고 쳐도, 흙속에 묻혀 있는 나무의 뿌리를 파내는 작업이 남아있습니다. 이것도 초보자가 하기에는 아무래도 불가능하다고 봅니다. 결국 과수원을 채소재배를 위해 사용하는 것은 비현실적이란 답이 나옵니다.

주말농장이나 텃밭 등을 포함해 모든 '반농생활'은 밭을 기반으로 하고 있습니다. 채소를 키우고 싶다면 반드시 밭을 구도록 합시다.

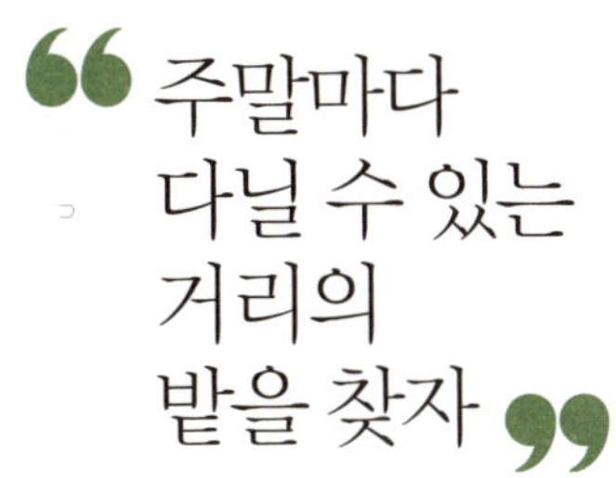

그렇다면 채소용 넓은 밭을 찾는 방법을 생각해 봅시다. 우선 찾는 범위는 농지가 자택에서 다니기에 가까워야 합니다. 교외에 살고 있는 경우에는 근처 농지에 휴경지 밭이 있는지 지인들을 통해 물어 보면 좋을 것입니다. 대도시 도심에 살고 있는 경우라면 대개 자택에서 차로 1시간 이내에 다닐 수 있는 장소의 밭을 구할 것을 권합니다.

이상적인 것은 도보나 자전거로 다닐 수 있는 거리에 밭을 확보하는 것이지만, 안타깝게도 도심에는 농지가 적고 찾기 어려운 편입니다. 멀더라도 차로 1시간 이내로 다닐 수 있는 장소라면 밭을 자주 다닐 수 있습니다. 그 이상의 거리가 되면 꼬박꼬박 다니기 어려워 포기하기 쉽습니다.

차로 1시간 이내로 다닐 수 있는 곳은 거리로 치면 20~50km 권내의 지역입니다. 저도 반농생활을 시작했을 무렵에는 도쿄의 후토시마 구에 살면서, 사이타마 현에 있는 이나마찌의 밭까지 다녔습니다. 이 정도의 거리라면 차로 1시간도 걸리지 않아서, 1주일에 주말 이틀을 다녀도 무리가 없었습니다.

그러므로, 매주 다닐 수 있는 범위 안에서 밭을 찾아봅시다. 반농생활을 지속하기 위한 가장 중요한 점입니다. 반농생활을 계속하려면 기본적으로 주말마다 밭에 다닐 필요가 있기 때문입니다.

그렇다면 실제로 어떻게 찾아보면 될까요? 손쉽게는 지인들에게 농가 사람을 소개받아 농사를 체험해 보고 싶다고 부탁하는 것입니다. 전술한 바와 같이 찾아보면 본가가 농사를 짓는 사람들이 주변에 꽤 있습니다. 평소에 그런 사람들과 관계를 잘 맺어 두면 정작 밭을 찾으려 할 때에도 도움을 받을 수 있습니다.

밭과 같은 농지는 주택과 달라서 부동산 정보를 기반으로 임대계약을 체결하기 어렵습니다. 결국에는 농가 사람들에게 직접 부탁하는 수밖에 없는 것입니다. 그렇기 때문에 농지를 찾으려면 인터넷을 통해 텃밭과 주말농장지를 찾거나 지인을 통해서 직접 소개받는 것이 가장 현실적입니다.

공짜라도 문제가 있는 땅은 안 된다!

반농생활을 위한 농지를 찾을 때, 지인 등에게 소개받은 농가 분들이 간혹 토지를 무료로 쓰라며 보여주는 일도 있습니다. 그럴 때 한 평이든 두 평이든 토지를 그냥 쓸 수 있다는 것이 기뻐서 바로 빌리려는 사람도 있습니다. 그렇지만 그런 토지는 뭔가 이유가 있는 게 틀림없습니다.

우선 농가 사람들도 어떤 토지들은 그냥 내버려둘 때가 있습니다. 방치해 두는 이유는 여러 가지가 있습니다. 가령 농업용 기계가 들어갈 수 없는 곳이라든가, 택지로 조성했지만 팔리지 않았다든가, 손을 댈 수 없을 정도로 잡초가 무성하게 되어버렸다는 등의 이유입니다.

전업농이 사용하려면 농지 안에 트랙터 같은 농업용 기계나 경운기가 드나들 수 있어야 합니다. 그러나 움푹 패인 형태의 땅이라든가 경사면이라든가, 차가 지나다닐 다리도 없는 수로 반대편 쪽에 있는 등의 이유로 트랙터나 경운기가 통행할 수 없는 농지는 꽤 있습니다.

원래 농가가 내버려둔 이유가 트랙터나 경운기가 들어갈 수 없는 것이라면 반농생활을 위해 쓰기에는 큰 문제가 없겠지요. 차를 가까운 곳에 세워둘 수 있다면 도중에 내려서 밭까지 걸어가서 작업을 하면 되니까요. 그러나 관리기라고 부르는 미니 경운기 정도는 들어갈 수 있는지 반드시 확인해 둬야 합니다.

잡초투성이 땅, 택지, 식목밭은 안 된다

잡초 투성이 토지는 버려진 땅은 아닙니다. 잡초가 무성하게 나 있다는 것은 식물이 자랄 수 있다는 뜻이기도 합니다. 잡초를 없애기 위해서는 어느 정도 시간이 걸릴지 모르지만, 갑자기 농지 전체를 손대려고 하지 말고, 조금씩 끝에서부터 잡초를 잘라내고 서서히 사용면적의 흙을 넓혀가는 방식이라면 큰 무리 없이 사용할 수 있을 것입니다. 혹은 제초기를 쓰면 10평 정도라면 하루면 다 제거할 수 있습니다. 그래도 잡초의 뿌리는 남는데, 잡초의 표면 부분을 잘라냈기 때문에 잡초가 무성한 느낌은 쉽게 없앨 수 있습니다.

오히려 잡초가 자라지 않는 땅이 더 문제입니다. 그런 밭은 택지로 조성했지만 팔리지 않아서 농가 사람들이 방치해 두었을 가능성도 있기 때문입니다. 농지는 식물의 뿌리가 뻗기 쉬운 부드럽게 일궈진 흙이 좋고, 택지는 토대를 단단히 조성하기 위해 단단히 굳은 흙이 더 좋습니다. 그래서 택지 조성시에는 다른 장소에서 흙을 가져와서 농지에 쌓아올리거나 장소에 따라서는 원래 있던 농지의 흙과 다른 곳에서 가져온 흙을 바꿔 넣는 경우도 있습니다.

또 아무리 식물이 잘 자랄 수 있는 조건이 갖춰져 있다고 해도 식목밭은 조심해야 합니다. 가령 일본에서는 하나미즈키(미국산딸나무, 층층나무) 같은 꽃나무의 경우, 80~90년대 무렵 붐이 일었는데, 다 자라난 지금은 그 붐이 식어버려 팔리지 않게 되었습니다.

그런 식목밭을 보여주고 그냥 쓰라는 경우도 있는데, 식목밭이라도 앞서 설명한 대로 식목을 뽑아내 처분하는 것은 무척이나 어려워서 그만두는 편이 좋습니다. 특히 오랜 기간에 걸쳐 팔리지 않았던 식목이 남아있는 밭은 수령 20년 정도로 화려하게 자라난 나무의 뿌리가 흙 속에 깊고 넓게 퍼져 있습니다. 이 경우 중장비를 사용하지 않는 한 파내는 것이 불가능합니다.

그밖에 수렁논 같은 경우에는 배수가 나빠서 조금만 비가 와도 진창 정도를 넘어 습지처럼 되어버리기도 합니다. 그런 토지라면 채소의 뿌리가 썩기 쉬워서 역시 피해야 합니다.

Tip

주말농장이나 텃밭을 구할 때 주의할 점

- 시끄러운 도로 주변이나 오염지 근처가 아닐 것
- 산이나 고층건물, 나무 때문에 그늘지지 않고 햇빛이 적당한 곳
- 물이 충분하고 밭에서 길러 가기 가까운 데 있을 것
- 유기질과 부식질이 많아 검고 수분을 머금어 촉촉한 토질
- 갈아엎어야 할 경우(로터리) 오래 묵은 산업폐기물 등이 묻혀 있을 만한 곳에 유의

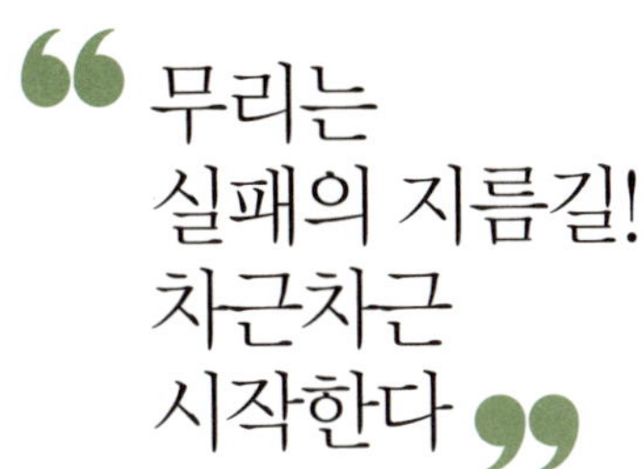

농사 경험이 많은 사람들은 흔히 '어차피 할 거라면 3,000m² 이상은 되어야 한다'는 둥 처음부터 꽤 큰 면적에 도전하라고 조언합니다. 분명 농사로 나름대로 수입을 얻으려면, 어느 정도는 큰 면적이 필요합니다. 그러나 노후에 매년 5,000만 원이 필요하다고 해서 그만큼을 농사로 벌어들이려면 3,000m²는 필요하다는 식의 탁상용 계산법만으로 갑자기 큰 면적에 도전하면 잘 되지 않는 경우가 더 많습니다.

채소밭은 어느 정도 방치해 두어도 채소가 자라납니다. 실제로 '겨우 이 정도 돌봤는데 수확이 가능하다니!' 라며 놀랄 정도입니다. 그러나 '이 정도' 라는 수준을 실감하고 체득하기 전에, 즉 요령 있게 일할 수 있는 과정을 익히지 못한 채, 면적을 넓히려고 욕심부렸다가는 감당하지 못할 일이 발생합니다.

잡초가 무성하게 자라난다거나 가지를 쳐내기 어려운 토마토나 가지는 줄기가 굽어 휘어서 지면에 닿아 썩기도 하고, 채소밭이 마치 어지러운 정글처럼 변합니다. 한편으로는 체력적으로도 무리가 따릅니다. 한여름 잡초가 가장 잘 자라는 시기에는 기온이 높아서 조금만 작업해도 꽤 피로합니다.

가장 큰 문제인 잡초 대책에도 요령이 필요합니다. 요령을 익혀 가면 체력을 덜 쓰고도 잡초에 잘 대처할 수 있습니다. 여름철에는 여름의, 겨울철에는 겨울에 맞는 작업요령이 있습니다. 계절에 따른 요령에 익숙해져야 고온기나 저온기 작업도 어렵지 않게 해낼 수 있게 됩니다. 그런데 채 익숙해지기도 전에 큰 면적을 경작하면, 혹서기나 혹한기 때 공연히 체력을 소모하는 일이 많아집니다.

5,000만 원을 모으려면 3,000m² 정도의 면적은 필요하다는 발상은 결국 힘에 부치게 되는 원인이 되기 쉽습니다. 반농생활을 통해 손수 키운 채소는 놀랄 정도로 잘 팔리는 것이 즐거워서 저도 다른 사람들에게 권하고는 있습니다. 그러나 너무 앞서가서 예산이 좀 있다고 큰 면적에 도전할 필요는 없습니다. 넓은 면적의 밭을 방치하게 되면 씨앗이나 종묘, 비료 등 재료에 투자한 돈을 낭비하게 되어, 결국 돈을 모으는 게 아니라 쓸모없이 버리는 일이 됩니다.

작업경험을 쌓고 판매요령도 익힌다

또 간과하기 쉬운 것이 '팔기' 위한 수고나 '판로'에 대한 문제입니다. 채소는 '제철'이란 것이 있어서, 그때 팔지 못하면 애써 키운 채소가 전부 쓸모없게 되어버립니다. 처음에는 가벼운 맘으로 아파트나 동네 부녀회, 혹은 마을행사 때 팔아 본다든가, 아는 이들에게 조금씩 팔아 보세요. 그렇게 점차 적은 돈을 모으며 판매경험을 쌓아가면 '이 정도 수고를 하면 이만큼 벌 수 있다'는 감각을 몸소 익힐 수 있습니다. 그와 함께 채소를 파는 '판로'에 대해서도 조금씩 눈을 뜨게 됩니다.

마지막으로 초보자가 처음부터 큰 밭에 도전하고 싶다고 해도, 실제 농지 소유자가 농사경험이 거의 없는 사람에게 그 넓은 밭을 빌려줄지도 의문입니다. 농사를 짓고 살아보면 농지는 생활의 장의 일부입니다. 잘 모르는 사람에게 갑자기 넓은 밭을 맡기는 것은 농지

소유자에게는 좀 불안한 일일 것입니다.

이와 같이 농사 경험이 없는 사람이 갑자기 거대한 면적에서 시작하면 무리를 자초하기 쉽습니다. 그러므로 반농생활을 시작하려면 농지의 한 구석을 조금 얻어서 경작해 보는 선에서 출발하는 것이 좋습니다. 그렇게 시작해서 주말마다 성실하게 다니는 것만으로도 농가 분들과의 사이에 신뢰가 생겨납니다.

꾸준히 다니는 동안에 점차 채소 키우는 요령도 연마할 수 있고 기술도 다양하게 익힐 수 있을 것입니다. 농부들이 '이런 사람이라면 괜찮겠다'고 생각해 줄 정도가 되면 차츰 넓은 밭을 얻을 수도 있게 됩니다. 이와 같이 반농생활은 작은 면적에서 시작해 단계적으로 넓혀가는 것이 가장 좋은 방법입니다. 만사에 무리를 하면 쉽게 포기하게 마련이니까요.

" 주말농사의 한계는 3,000m² (약 1,000평) "

그런데 주말농사로 가능한 규모는 어느 정도의 넓이일까요? 저는 약 1,000m²~약 3,000m²(약 300평~1,000평) 정도가 최대라고 생각합니다. 농가에서 약 1,000m² 정도라면 대개 30m×30m 크기입니다.

채소재배에 필요한 작업으로는 100m²(약 30평) 정도의 밭을 만들어 씨를 뿌리거나 모종 심는 '준비작업'과 그 후에 돌봐야 할 '관리작업', 그리고 마지막으로 '수확작업'이 있습니다.

씨를 뿌리거나 종묘를 심지 않고 자랄 수 있는 채소는 없습니다. 게다가 수확하기 위해 채소를 키우는 것이므로 밭을 가는 준비작업과 수확작업은 어떤 채소라도 반드시 필요한 작업입니다. 특히 밭 갈기 준비작업은 시간이 가장 많이 듭니다. 북주기와 사이갈이 등의 관리작업은 반농생활의 경우에는 한여름 잡초 뽑기를 제외하면 그다지 시간을 들이지 않아도 됩니다.

각각의 작업에는 어느 정도의 시간이 필요할까요? 준비작업은 익숙해지면 1시간도 채 걸리지 않으며, 3m 길이 이랑 2~3개를 만들어 씨를 뿌리거나 모종을 심는 것이 가능해집니다. 예를 들어 길이 3m의 이랑은 100m² 당 20~30개, 1,000m² 당 200~300개 정도 만들

수 있습니다.

수확작업은 1,000m²의 밭이라면 매회 약 30분에서 1시간 정도 걸립니다. 이밖에 여름철에는 제초에 대략 1,000m²당 1~2시간, 겨울철에는 별로 필요하지 않으므로, 1,000m²의 관리에 필요한 것은 연간 300~400시간 정도일 것입니다. 주 1회, 8시간 작업으로 연간 400시간 정도 든다는 뜻입니다. 그러나 다양한 방법을 더 고안해 내면 1,000m²당 1주일에 1일이 채 걸리지 않을 만큼 익숙해질 것입니다.

저는 2,000m²를 연 75일 정도 들여 관리했던 경험이 있습니다. 그것을 생각하면 주말에 2일 정도를 모두 농사작업에 할애하면 최고 3,000m² 정도는 가능하다고 생각합니다.

텃밭작업은
가장 이상적인
운동이다

농민들은 고령인데도 건강한 분들이 많습니다. 제가 알고 있는 사이타마 현의 한 농부 어르신은 92세 인데도 무척 건강하십니다. 현관에 장화가 놓여 있어서 매일 그것을 신고 자택 가까이에 있는 농지에서 농사작업을 계속하고 계십니다. 이와 같이 농민들이 고령인데도 건강한 것은 농사작업이 운동 면에서 이상적인 효과가 있기 때문은 아닐까요?

수영이나 덤벨체조처럼 물이나 중력의 저항에 맞서면서 몸을 움직이는 운동을 저항성 운동이라고 하는데, 근육을 단련시키는 데 효과가 높습니다. 저항성 운동에 비해 조깅이나 워킹, 에어로빅처럼 심장이나 폐를 자극하는 운동은 유산소운동으로 혈액의 순환능력 향상에 도움이 됩니다.

농사작업은 적당한 저항성 운동과 유산소운동

가령 흙에 곡괭이나 삽을 꽂고 퍼내는 동작을 하려면 허공에서 움직이는 것보다 힘듭니다. 콘크리트만큼 딱딱한 정도는 아니지만 흙의 저항을 느끼면서 근육을 움직이기 때문입니다. 이 동작은 낮은 강도의 저항성 운동과 같습니다. 또 농작물을 키우면 채소밭을 걸어다니거나 서 있거나 앉아서 작업하는 동작이 계속됩니다. 채소밭 구획이 10〜15㎡ 정도라고 치면 농기구나 비료를 가지러 창고까지 걸어간다든가, 더러워진 손을 씻으러 오가는 식으로 채소밭에서는 조금만 움직여도 왕복 몇 십 미터는 걷게 됩니다. 이런 동작은 유산소운동에 해당합니다.

이와 같이 농작물을 키우는 것이야말로 낮은 강도의 저항성 운동과 유산소운동이 동시에 행해지므로 이상적인 운동이 됩니다. 따라서 반농생활을 하면 건강한 상태를 유지할 수 있을 뿐만 아니라 멋진 몸매까지 유지하고 안티에이징 효과도 기대할 수 있지 않을까요?

[유산소운동]

[저강도의 저항성 운동]

PART 3

어떤 채소를
어떻게 키우면
좋을까

텃밭을 확보하게 되었다면 이제 드디어 반농생활이 시작됩니다. 텃밭에 어떤 채소를 키울 것인가 생각하기 전에 텃밭의 크기에 따라 어떤 것들을 경작할 수 있는지 설명합니다. 우선 텃밭 크기는 거실 크기, 테니스 코트 크기, 핸드볼 코트 크기의 3가지로 나눌 수가 있습니다.

첫째, 거실 크기란 사방 3~5m(약 10~25m², 3~8평)의 텃밭입니다. 이 크기는 채소를 키우는 초보자에게 적당합니다. 일본의 경우, 전국에 있는 15만 구획의 시민농원이 대부분 이 크기입니다. 거실 크기의 텃밭에서는 연간 대략 20~30종류, 때로는 그 이상의 채소를 키울 수 있습니다. 이 정도 종류라면 계절에 따라 다양한 채소수확을 즐길 수 있어서 식탁이 무척 풍성해지는 것을 느낄 수 있습니다(55쪽 그림).

둘째, 테니스 코트 크기란 사방 10~15m(약 100~200m², 30평~60평)의 텃밭입니다. 이 크기는 초보자에서 중급자까지 적당합니다. 이 정도 크기라면 대략 채소의 자급이 가능해집니다. 평소 채소를 전혀 살 필요가 없을 뿐만이 아니라 채소가 50종류 정도나 되어 한 가족이 다 먹을 수 없을 만큼 넉넉히 수확하게 될 것입니다. 이 크기에서는 텃밭 한 구석에

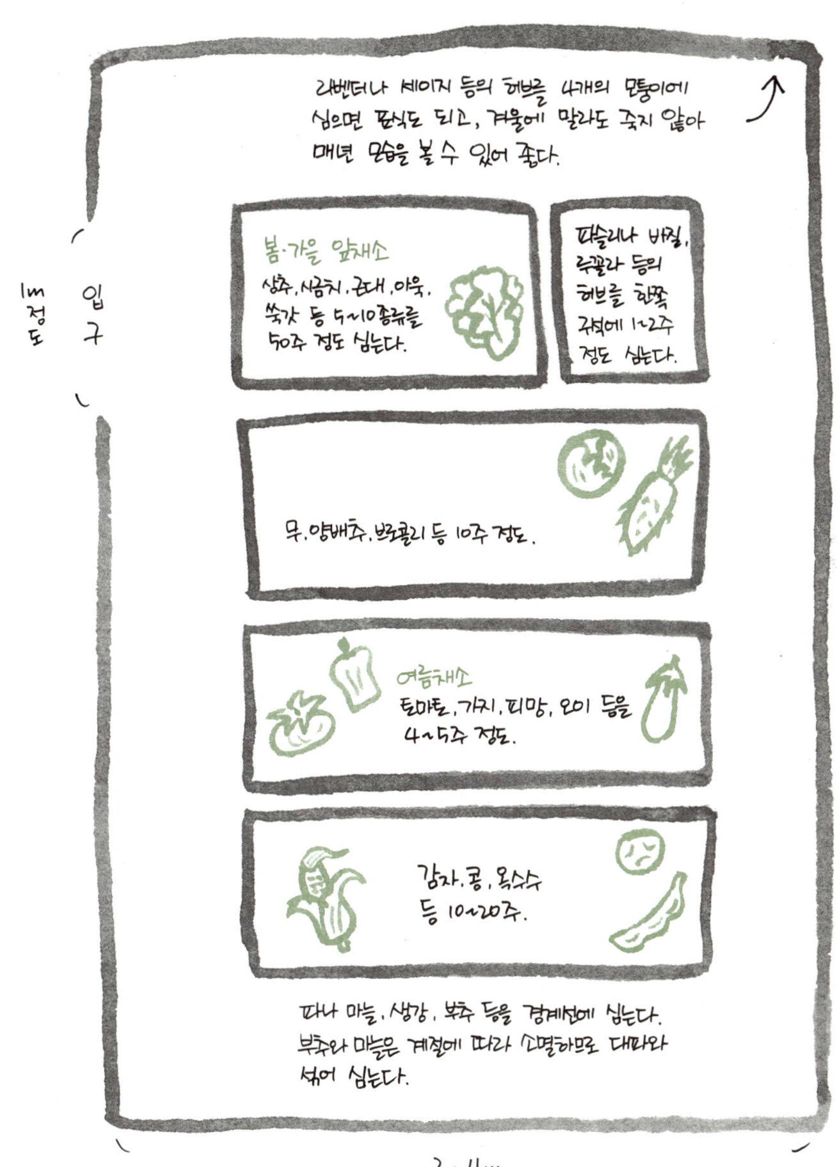
라벤더나 세이지 등의 허브를 4개의 모퉁이에 심으면 꾸밈도 되고, 겨울에 말라도 죽지 않아 매년 모습을 볼 수 있어 좋다.
입구
1m 정도
봄·가을 잎채소
상추, 시금치, 근대, 아욱, 쑥갓 등 5~10종류를 50주 정도 심는다.
파슬리나 바질, 루꼴라 등의 허브를 한쪽 구석에 1~2주 정도 심는다.
무, 양배추, 브로콜리 등 10주 정도.
여름채소
토마토, 가지, 피망, 오이 등을 4~5주 정도.
감자, 콩, 옥수수 등 10~20주.
파나 마늘, 생강, 부추 등을 경계선에 심는다. 부추와 마늘은 계절에 따라 소멸하므로 대파와 섞어 심는다.
3~4m

허브류를 키우는 것도 가능합니다. 단, 수박이나 고구마처럼 뿌리가 지표에 엉기는 채소를 키우기에는 충분한 넓이가 아닙니다. 가령 100m²는 사방 10m이지만, 수박이나 고구마처럼 뿌리가 지표를 기며 자라는 채소는 1개만 심어도 사방 5m 정도까지 뿌리가 넓게 자랍니다. 따라서 테니스 코트 크기의 텃밭은 주의하지 않으면 옆의 밭에 뿌리가 뻗어나갈 수도 있어 다른 채소들의 생육에 방해가 되기도 합니다(57쪽 그림).

마지막으로 핸드볼 코트 크기는 사방 20~30m(약 400~1,000m², 100평~300평)의 텃밭입니다. 이 넓이는 반농생활 중급자부터 상급자에게 적합합니다. 이 정도 넓이가 되면 채소라면 뭐든지 키울 수가 있습니다. 1년간 100종류 이상의 재배도 가능합니다. 테니스 코트 크기에서는 어려웠던 수박이나 고구마도 뿌리를 실컷 뻗어갈 수 있고, 허브류 등의 다종다양한 것을 키울 수 있습니다.

또, 이 규모가 되면 수확량은 자가소비 수준을 훨씬 넘어서므로 판매를 통해 안정적인 수익을 내는 것도 가능해집니다(58쪽 그림).

Tip
- - - - - - - - - - - - - - - - - - - -
채소의 종류

■ 잎채소 (엽채류)　　　　배추, 상추, 아욱, 쑥갓, 양배추, 셀러리, 시금치, 근대, 청경채, 레터스, 치커리,
　　　　　　　　　　　아스파라거스, 쌈 채소류 등
■ 열매채소 (과채류)　　　토마토, 가지, 오이, 고추, 호박, 피망 등
■ 뿌리채소 (근채류)　　　감자, 고구마, 토란, 당근, 무, 순무, 마, 야콘, 생강, 비트, 래디시 등
■ 꽃채소 (화채류)　　　　브로콜리, 콜리플라워, 꽃양배추 등
■ 비늘줄기채소 (경채류)　파, 마늘, 양파, 부추, 쪽파 등

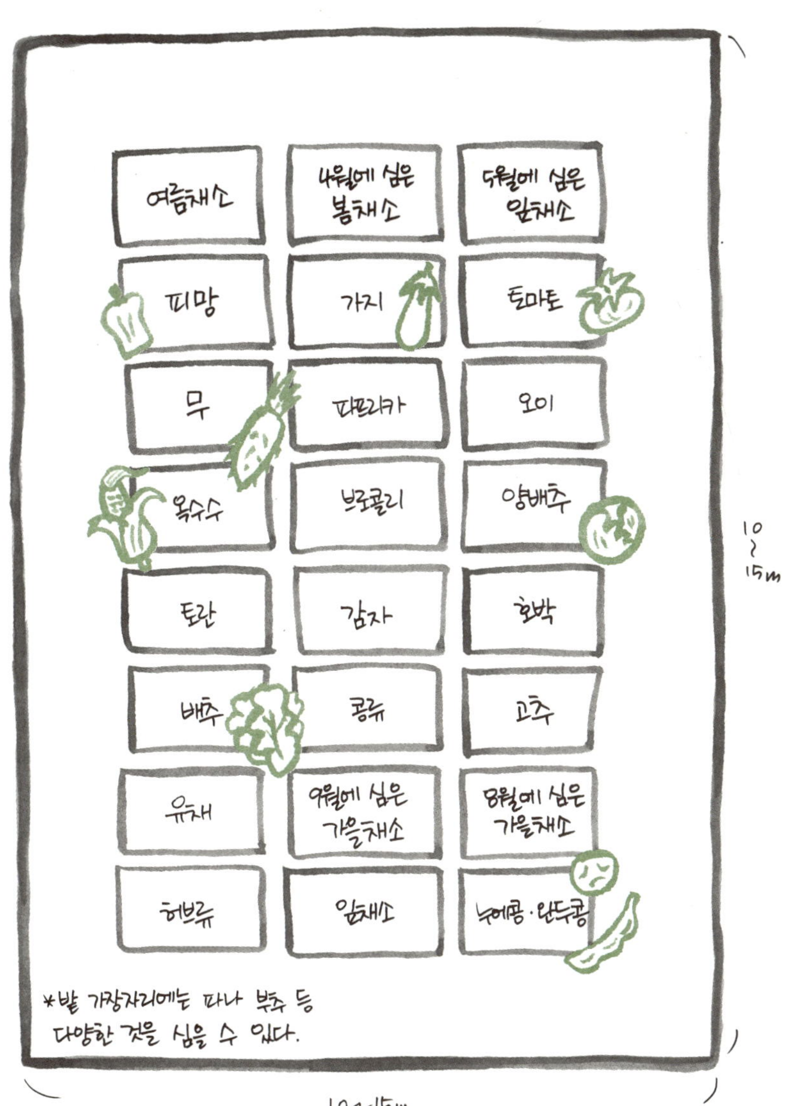
여름채소
4월에 심은 봄채소
5월에 심은 잎채소
피망
가지
토마토
무
파프리카
오이
옥수수
브로콜리
양배추
토란
감자
호박
배추
콩류
고추
유채
9월에 심은 가을채소
8월에 심은 가을채소
허브류
잎채소
녹애콩·단두콩
*밭 가장자리에는 파나 부추 등 다양한 것을 심을 수 있다.
10~15m
10~15m

입구
아치
(라즈베리 등의
넝쿨 심기)
식용 화훼
허브밭
채소 밭
(계절별 채소를
마음대로)
딸기밭
(사방 3~4m)
보리, 검은콩 밭
(사방 5~6m)
수박, 호박밭
(사방 5~6m)
고구마밭
(사방 5~6m)
20
2
30m
20~30m

" 연작장해 주의!
계절마다
채소종류를
바꾼다 "

텃밭에서 채소를 키울 때는 '연작장해'에 신경 쓸 필요가 있습니다. 연작(連作, 이어짓기)이라는 것은 같은 종류의 채소를 같은 장소에서 매년 계속 키우는 것으로 '연작장해'는 이어짓기를 한 결과, 채소가 병 들어버리는 것을 말합니다. 왜, 같은 채소를 같은 장소에서 계속 키우면 채소가 병에 걸릴까요?

채소의 병원균들은 각각 좋아하는 채소가 있어서 가령 토마토만 계속 지으면 토마토를 좋아하는 병원균이 토양 속에 증식되기 때문입니다. 전업농가에서는 양배추 전문이라든가 토마토 전문 등 특정 채소만 대규모로 키우기도 하지만, 그런 농지에서 연작장해가 일어나면 농가의 경영이 어려워져 피해를 입는 일도 있습니다. 현대농업에서는 연작장해 대책이 큰 과제가 되어 있습니다.

반농생활의 경우에는 생활이 걸려있는 문제는 아니지만, 일단 연작장해가 생기면 토양을 소독하거나 몇 년 동안 그 채소를 키울 수 없으므로 무척 큰 일이 아닐 수 없습니다. 그러므로 텃밭에서 연작장해가 일어나지 않도록 하는 일은 무척이나 중요합니다.

그렇다면 연작장해를 방지하는 간단한 방법은 무엇일까요? '윤작(輪作, 돌려짓기)'과 '혼작(混作, 섞어짓기)'을 하면 좋습니다. 윤작이나 혼작을 하면 특정 종류의 병원균만 늘어나는 일이 적기 때문에 연작장해가 잘 생기지 않습니다.

윤작을 하려면 계절마다 채소종류를 바꾼다

윤작은 '돌려짓기' 라고도 부르는 재배방법으로 한 종류의 채소를 심은 다음에는 다른 종류의 채소를 심는 것입니다. 즉, 키우는 채소를 순환시켜 주는 것입니다. 다른 채소를 심는다고 해도 그냥 종류를 바꾼다고 끝나는 것이 아닙니다. 가령, 토마토와 가지는 같은 가지과인데, 토마토를 심은 다음에 가지를 심으면 역시 연작장해가 일어나기 쉽습니다. 그래서 토마토 다음에는 시금치 등 다른 '과'의 채소를 키울 필요가 있습니다. 이와 같이 윤작을 하려면 채소의 종류(과)를 바꾸면서 재배해야 하는 것입니다.

채소의 종류(과)를 몰라도 봄채소, 여름채소, 가을채소 식으로 계절별로 분류해서 생각하면 편합니다. 가령 봄이나 가을에 씨를 뿌려서 키우는 잎채소나 뿌리채소는 쑥갓, 청경채, 무나 시금치, 상추, 치커리, 비트, 양상추 등이 주류입니다. 이에 비해서 여름 열매채소는 토마토, 가지, 피망 등(가지과)과 오이 등이 주류입니다.

결국 봄채소나 가을채소, 그리고 여름채소는 종류(과)가 다른 것이 많습니다. 그러므로, 채소밭을 몇 개의 구획으로 나눠서 금년에는 여기에 봄채소, 저쪽에는 여름채소, 내년에는 반대로 하는 식으로 계절마다 다르게 배치해서 윤작을 하면 연작장해를 막을 수 있습니다.

예를 들어 일본의 시민농원에 많은 크기인 12~15m² 정도의 거실 크기의 채소밭이라면, 3m 정도의 두둑 4개가 만들어집니다. 금년에는 A 두둑에 봄채소, B 두둑에 여름채소, C 두둑에 가을채소로 하고, 다음해에는 두둑의 장소를 바꿔서 재배하면 되는 것입니다.

이러한 '계절채소 순환재배'를 기본으로 하면서, 다른 1개의 두둑과의 사이(이랑)에 파 종류나 감자류, 콩류 등을 추가해 가면 그것만으로도 다양한 종류의 채소가 순환재배될 수 있으므로 연작장해를 막는 효과가 더욱 강해집니다.

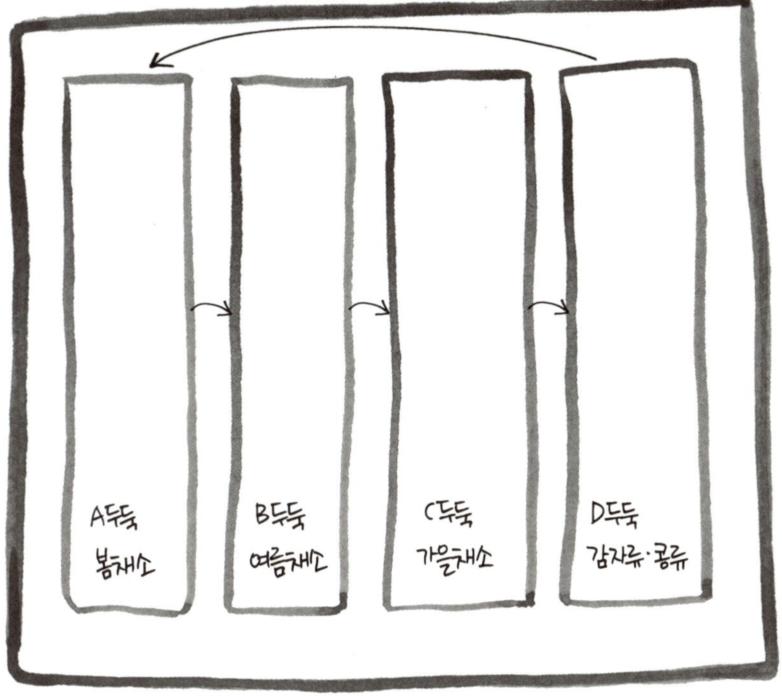
매년 순환재배 한다 → 연작장해가 일어나지 않는다.
A두둑
봄채소
B두둑
여름채소
C두둑
가을채소
D두둑
감자류·콩류
* 밭 넓이는 약 13㎡

혼작은 다품종, 소량재배

혼작(섞어짓기)은 간단히 말하면 동시에 다양한 종류의 채소를 키우는 것입니다. 1개의 두둑에 한 가지 종류의 채소만 키우는 것이 아니라, 종류(과)가 다른 몇 가지 채소를 같은 두둑에서 키우는 것을 말합니다.

혼작을 하려면 조금씩 여러 가지 종류나 서로 다른 품종의 채소를 섞어서 파종하거나 모종을 심는 '다품종 소량재배'로 키우면 좋습니다.

예를 들어 채소밭 한쪽 구석인 1m×1m 장소를 이용한다고 하면 15cm 간격으로 5~6줄에 봄채소나 가을채소인 잎채소를 파종합니다. 그 각줄에 2종류의 씨를 50cm씩 뿌리면 $1m^2$ 장소에서도 10~12종류의 채소를 키울 수 있는 것입니다.

시금치, 상추, 쑥갓, 양배추, 무, 순무, 당근, 청경채, 양상추 등등. 원하는 기호대로 다양한 채소의 씨를 뿌려 보세요. 덧붙여서 말하면 시금치는 명아주과, 양상추나 쑥갓은 국화과, 당근은 미나리과입니다.

4월에 이러한 잎채소를 파종하면 5월이면 싹이 나와 조금 자란 부드러운 본잎을 따서 샐러드로도 먹을 수 있습니다. 조금 더 지나면 잎이 커지고 자라 단단해지므로 나물로 무쳐 먹을 수도 있습니다.

앞서 설명한 '계절채소 순환재배' 방식에 추가해, 이렇게 같은 두둑에도 다양한 채소를 조금씩 키워 보면 자연스럽게 윤작과 혼작이 가능해져 연작장해에 강해집니다.

3~4m
3~4m
A두둑
감자류·콩류
B두둑
봄채소
C두둑
여름채소
D두둑
가을채소
각각 다른 종류의 채소
확대
1m
1m

66 혼자 잘 자라는 채소와 특수 채소를 키워 보자 99

이제 주말농사만으로도 편하게 키울 수 있는 채소를 소개합니다. 반농생활에 적합한 1주일에 한번만 신경 써도 잘 자라주는 채소나 적은 수의 가족에게 적합한 채소 등 다양하게 있습니다.

그 대표적인 것이 파입니다. 파는 씨를 뿌린 후 생장이 느려서 커질 때까지는 신경이 쓰이지만, 일단 자라면 '분얼(分蘖, 밑동에서 새로운 줄기인 곁눈이 나옴)'이라고 하는 가지 나누기를 통해 점차 늘려갑니다.

1~2개의 모종에서 10개 정도로 나눠졌을 때 수확한 후 다시 1~2개만 남기고 나눠서 옮겨심기를 해서, 먹고 남은 것을 계속 반복해서 나눠 심으면 파를 반영구적으로 계속 먹을 수 있습니다. 부추, 마늘, 외대파, 산파, 쪽파 등 파 종류는 같은 방법으로 줄기나 구근을 나눠가면 계속 먹을 수 있는 것이 공통점입니다.

혼자 살거나 가족 수가 적은 집에 추천할 만한 것은 미니채소입니다. 가령 호박은 여름에 수확해서 실온에 방치해 두어도, 이듬해 봄까지 충분히 보존됩니다. 그런데 일단 칼로 자르면 쉽게 상해서 순식간에 썩어서 못 쓰게 됩니다. 그렇지만 미니호박이라면 보통 호박의 1/4 정도 크기라 남기지 않고 다 먹을 수 있어서 편리합니다. 또 보통 호박은 지표에 뿌리가 기어다니는데, 5m씩 뻗어나가 작은 채소밭에서는 재배가 어렵습니다. 미니호박은 보통의 호박에 비해서 중량이 약 1/8로 가볍고, 지주나 그물에 묶어서 세워 키울 수 있으므로 작은 채소밭에서도 재배가 가능합니다.

미니배추도 혼자 살거나 가족수가 적은 가정에 권할 만합니다. 일반 배추는 10kg 정도까지 자라 가족수가 적은 가정에서는 다 먹을 수가 없지만 미니배추라면 괜찮습니다. 1, 2인을 위한 전골요리 등에 딱 알맞기 때문입니다.

양상추나 치마상추처럼 결구(통)를 이루지 않는 종류도 키우기 쉬운 채소입니다. 씨를 뿌리고 2주에서 1개월 정도 지나 3cm 정도의 본잎이 몇 장 나올 무렵에 솎아주세요. 솎음질하고 남은 줄기는 크게 자라가므로 줄기를 뽑지 말고 잎사귀만 잘라서 수확하면 2~3개월간 계속 맛있는 샐러드를 맛볼 수 있습니다.

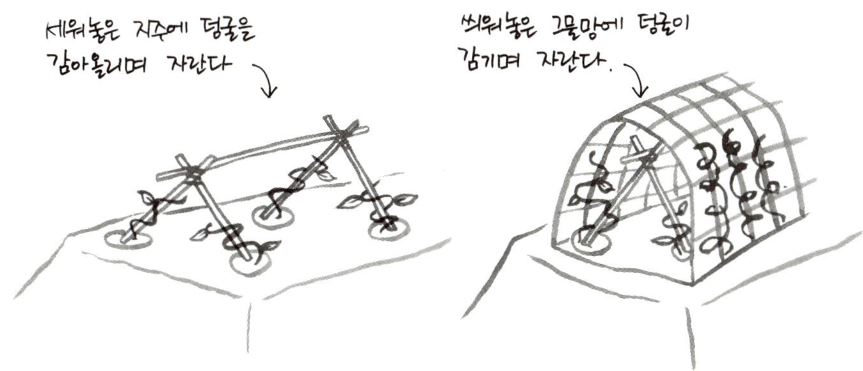

특수한 채소, 컬러풀한 채소는 인기만점!

지방 특산물이라고 할 수 있는 품종의 채소나 컬러풀한 채소는 키우고 나서도 즐겁습니다. 또 주변 사람들과의 커뮤니케이션을 활발하게 만들어 주고, 팔 때도 평판이 좋아서 매상에도 직결됩니다. 여기서는 그런 채소를 소개해 봅니다.

전국 각지에는 그 지방 특산물 채소가 있습니다. 누구라도 고향의 맛은 그리운 법입니다. 수도권이나 대도시에는 지방출신 사람들도 많이 살고 있는데, 그런 사람들이 좋아하는 것이 바로 출신지 지방의 채소입니다.

저는 일본의 관동 출신인데 관서지방의 채소를 키워서 관서 출신의 사람들이 꽤나 좋아해 주었고, 또 그런 채소를 키우는 공부도 되었습니다.

보통 가게나 마트에서는 잘 구할 수 없는 채소나 고급 채소도 다양한 사람들이 좋아해 줍니다. 예를 들어 바질이나 루꼴라가 그렇습니다. 요즘 인기 높은 이탈리아 요리, 스파게티나 피자 등 다양한 요리에 쓰이지만 주변에서 쉽게 구할 수가 없습니다. 바질, 루꼴라는 4월에 파종하거나 모종을 심으면 초여름부터 먹을 수 있습니다.

또 러시아 요리인 보르시치 등에 사용되는 비트도 구하기 어려운 채소입니다. 비트는 빨간 순무라고도 부르는데, 시금치와 같이 명아주과로 재배방법도 같습니다. 8월말이나 9월에 씨를 뿌리면 겨울에 뿌리가 커져서 그것을 수확해서 스프나 보르시치 등에 사용합니다(봄, 여름재배도 가능).

컬러풀한 채소를 키우면 채소밭이 화려해서 보는 것만으로도 즐겁고, 채소를 팔 때도 손님들 반응이 다릅니다. 가령 프렌치 요리나 이탈리아 요리에 사용되는 새하얀 가지를 키웠을 때는 '이게 가지야?! 우와, 하얀색 가지라니!' 라는 등 '색별로 1개씩 사고 싶다'는 등 호평을 받으며 판매할 수 있습니다.

가지 중에는 녹색 가지도 있습니다. 보통 보라색 가지를 일본 된장국인 미소시루에 넣으면 색소가 녹아서 국물이 탁해지는데, 녹색 가지를 넣으면 그런 일이 없어서 좋습니다.

이와 같이 일반적인 채소에 추가해서 컬러풀한 품종을 키우면 채소밭도 식탁도 화려해집니다. 수확할 때도 먼저 보라색 가지를 땄다면 다음에는 하얀색 가지를 따는 식의 즐거움이 늘어납니다.

그밖에 피망도 보통 피망뿐만 아니라, 보라색이나 빨간색, 노란색, 하얀색 등 다양한 색의 피망이나 파프리카를 키우면 채소밭도 멋지게 바뀝니다. 무는 흰색, 당근은 주황색, 감자는 갈색이라고 한정지을 필요는 없습니다. 빨간 무 래디시 외에도 중국종 빨간무도 있습니다. 겉은 하얀데 속은 새빨개서 샐러드에 적합한 것이나 보라색이라 무즙을 내서 식초를 뿌리면 핑크색으로 변하는 것, 녹색인데 무즙을 내면 색이 예뻐지는 것, 유럽종으로 겉은 까만데 속은 새하얀 무도 있습니다.

당근도 오키나와 당근처럼 샛노란 것이나 보라색도 있습니다. 감자는 빨강이나 노랑, 보라색과 색색의 것들이 있습니다. 용도 역시 고로케에 적합한 것이나 샐러드에 적합한 것 등 다양하게 있지요. 이러한 컬러풀한 품종을 키워서 요리나 먹는 방법에 대해 연구해 두면 채소를 팔 때도 재미있고 도움이 됩니다.

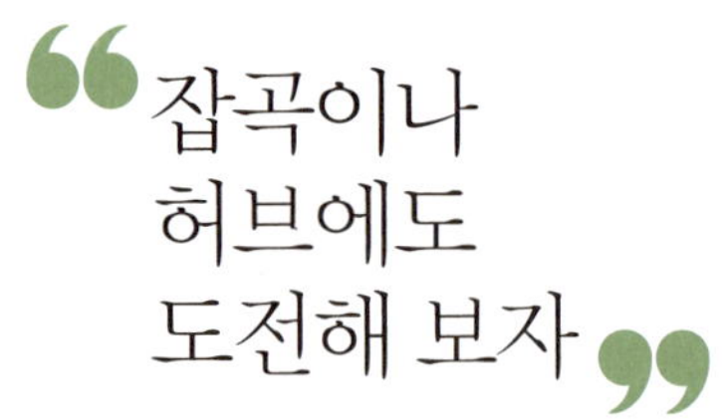

채소밭에서 키울 수 있는 것은 단지 채소만은 아닙니다. 잡곡이나 허브도 키울 수 있습니다. 잡곡은 소맥, 검은콩, 팥 등 쌀 이외의 곡물입니다. 어느 것이든 재배가 간단해서 손쉽게 건강한 식품을 만들어낼 수 있습니다. 소맥이나 대맥은 가을에 씨를 뿌려서 봄부터 초여름에 걸쳐서 수확을 합니다.

일본의 시가(詩歌)인 하이쿠(俳句)에 꼭 들어가는 계절단어인 '맥추(麥秋)'는 보리를 수확하는 장마 전의 시기를 말합니다. 기독교에서도 부활절(4월)은 대맥, 오순절(5~6월)은 소맥의 수확철과 관계가 있다고 알려져 있습니다.

저온기인 겨울에 자라서 봄부터 장마 전에 수확이 끝나므로, 소맥이나 대맥은 병충해 걱정을 별로 하지 않아도 되는 이점이 있습니다. 씨를 뿌리면 대개 발아를 하지만 대부분 아무것도 해주지 않아도 잘 생장합니다. 주말농장에서 조금 키워내는 정도의 분량이라면 따로 도정을 맡기지 않아도 야구공 같은 것으로 껍질을 문질러 까주면 벗겨지므로, 그 후에는 가정용 분쇄기로 가루를 내면 됩니다.

같은 이유로 검은 콩이나 팥 등의 콩류도 추천합니다. 콩이 영양만점이라고 하는 이유는 콩은 발아를 위한 에너지 탱크 상태이기 때문입니다. 그래서 콩은 탱크에 저장해둔 양분을 사용해 발아하므로 시기만 잘 맞추면 대개 발아됩니다.

그렇지만 주의할 것은 새와 씨 뿌리는 시기입니다. 콩 떡잎은 새들이 아주 좋아해서 콩을 심었다면 반드시 그물을 씌워둬야 합니다. 전용그물 외에 촘촘한 그물망(한랭사 등)을 잘라서 지면에 달라붙게 덮어서 깔아두어도 됩니다. 콩은 4월 초부터 7월 초까지 파종 가능하고, 그래서 윤작에도 좋습니다.

허브를 키워 보자

허브는 키우기 쉬운 정도가 아니라 대부분 그냥 자랍니다. 특히 다년초 허브는 내한성이 강하고 병에도 강한 것이 많기 때문입니다. 다년초 허브로는 라벤더나 세이지, 타임, 오레가노, 레몬밤, 민트, 캐모마일, 히숍 등이 있습니다. 이것들은 매년 자라는 다년초라 겨울에는 말라붙어 죽은 것처럼 보이지만 봄이 되면 다시 싹이 납니다.

이러한 다년초 허브 모종을 채소를 키우지 않는 곳이나 조금이라도 여유가 있는 장소에 한두 주(株) 심어두면 점점 자라나 증식해 갑니다. 게다가 허브가 자라나면 잡초가 자랄 여지가 없게 되어, 그만큼 잡초제거를 하지 않아도 되는 이점까지 있습니다.

다년초 중에서 주의할 필요가 있는 것은 민트의 일종인 페퍼민트입니다. 땅속줄기가 꽤 먼 곳까지 길게 뻗으므로 옆집 채소밭에 싹을 틔워서 잡초화 되는 일이 있기 때문입니다. 그래서 거실 크기 텃밭에서는 페퍼민트를 키우는 일은 삼가야 합니다.

인기 높은 바질은 1년초이므로 매년 씨를 뿌릴 필요가 있습니다. 또 바질은 고온을 좋아해서 키우고 싶은 사람은 4월 후반에서 5월경에 씨를 뿌리는 것이 좋습니다.

한편 허브의 종류는 위로 자라나는 것들과 땅 위로 줄기가 기며 자라나는 두 가지가 있습니다. 라벤더나 세이지, 타임, 오레가노, 레몬밤, 히숍은 전자이고, 타임의 일종인 크리핑 타임, 민트의 일종인 로열페니민트, 캐모마일은 후자입니다.

위로 자라나는 것은 다른 채소와 30~40cm 이상, 줄기가 지면에서 자라는 것은 1m 정도 거리를 두고 심어야 합니다. 지표에 줄기가 자라는 허브가 너무 많아지면 가지를 짧게 잘라줄 필요도 있습니다.

이러한 허브를 텃밭에서 늘려가면 잡초를 줄여주고, 여름철 푹푹 찌는 불볕 더위 아래서도 허브향을 맡으며 즐겁게 농사일을 할 수 있습니다. 잡초들은 열기와 습기도 높아서 이 속에서 악전고투하는 것은 정말 천국과 지옥의 차이이기 때문입니다.

이러한 허브를 텃밭에서 늘려가면 잡초를 줄여주고, 여름철 푹푹 찌는 불볕 더위 아래서

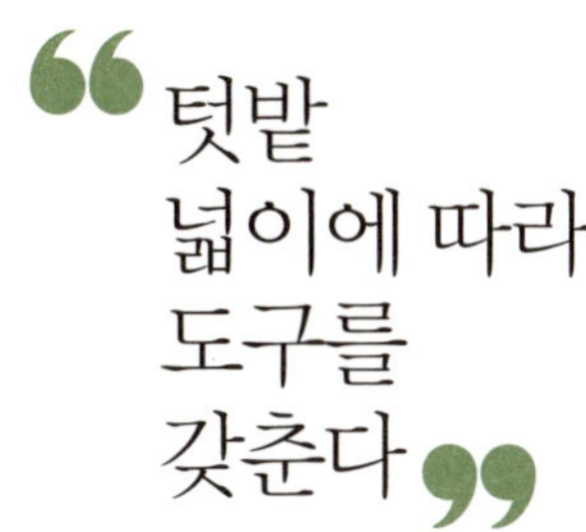

마지막으로 채소재배를 위해서는 어떤 도구를 갖춰야 할까요? 거실 크기의 채소밭이라면 삽 한 자루만 있어도 가능합니다. 16m²(약 5평) 정도의 텃밭이라면 한꺼번에 씨를 뿌리는 크기는 1m² 전후로 충분하기 때문입니다.

봄이나 가을에 심을 잎채소들이라면 1m²에 10~20종류 색색의 채소 씨를 뿌릴 수 있습니다. 이 정도 크기라면 삽으로 파고 비료나 추비(웃거름)를 또 넣어주면 충분합니다. 흙을 쌓아올려서 두둑을 만들고 싶다면 주변의 흙을 삽으로 옮겨서 쌓아올리는 것으로 끝나는 작업입니다.

모종을 심을 때도 같습니다. 2줄로 만들어서 한쪽에는 토마토와 가지, 다른 한쪽에는 피망과 오이를 심으면 됩니다. 어떤 작업이든 모종을 심고 싶은 5~10개 정도의 장소에 구멍을 파고 비료나 웃거름을 넣어서 흙으로 메워주면 준비작업은 끝납니다. 결국, 삽 한 자루만 있으면 거실 크기의 텃밭은 쉽게 시작할 수 있다는 뜻입니다.

채소밭 키우기를 시작할 때, 최소한으로 갖춰야 할 도구는 잡초를 뽑을 때 사용하는 낫, 수확물을 넣을 트레이나 양동이, 대야, 비료를 가늠할 계량컵, 멀칭을 자르거나 열매를 잘라서 수확하기 위한 가위 정도입니다. 계량컵은 빈 깡통으로 대용할 수 있고, 가위는 가드닝

전용 가위가 아닌 부엌용 가위로도 가능합니다. 그밖의 도구는 필요에 따라 그때그때 갖추면 됩니다.

테니스 코트 크기 텃밭은 괭이를 사용한다

테니스 코트 크기(100m²)의 텃밭이라면 괭이가 필요합니다. 괭이는 무척 편리한 도구입니다. 수미터의 두둑을 세우거나 도랑을 팔 때 도움이 됩니다. 괭이는 밭농사에 쓰이는 대표적인 도구라고 할 만합니다. 거실 크기의 텃밭에서는 괭이를 능숙하게 쓰면 편리한 정도로 끝나지만, 테니스 코트 크기의 텃밭에서는 밭을 손질할 때 없어서는 안 될 필수품입니다.

괭이에는 다양한 종류가 있지만 일반적으로 텃밭에서 사용하는 것은 '평 괭이' 입니다. 평괭이를 능숙하게 사용하게 되면 200m² 정도의 텃밭이라면 충분히 관리할 수 있으므로, 여러분의 반농생활 수준도 한층 올라갈 것입니다.

그러면 간단한 괭이 사용법을 설명합니다. 특히 체력에 자신이 있는 남성들은 괭이를 치켜드는 근력을 남용하는 사람이 많은데, 그렇게 힘껏 하다가는 허리를 다치기 쉬우므로 주의가 필요합니다.

초보자라도 금세 익힐 수 있는 괭이 사용법은 '엉덩이를 쑥 내밀었다 당기는 방법'입니다. 우선 다리를 어깨 폭으로 벌리고 자연스럽게 서서, 한쪽 다리를 반발자국 뒤로 뺀 자세로 엉덩이를 내밀게 되면 자연스럽게 상반신은 앞으로 숙여집니다. 그런 다음 엉덩이를 도로 앞으로 당기면 상반신은 일으켜집니다.

이때 괭이를 쥐고 있는 양손이나 어깨 관절은 '지지점'으로 해서 움직이지 않도록 고정하고, 엉덩이를 내밀거나 당기는 동작으로 상반신을 자연스럽게 숙였다가 일으키면 괭이 날은 자동으로 지면에 닿습니다. 그리고 날이 닿은 부분의 흙을 부서줍니다.

이렇게 자연스러운 동작으로 괭이를 움직이면 큰 힘을 쓰지 않고도 밭을 갈 수 있습니다. 이 움직임을 기억할 수 있도록 저는 체조도 고안해 봤습니다. 여러분도 몸에 무리가 가지 않는 괭이 사용법을 천천히 제대로 익혀 보세요.

넓은 텃밭에서는 미니 경운기가 필요하다

텃밭이 핸드볼 코트(약 1,000㎡, 300평 내외) 크기가 되면 괭이만으로는 밭을 돌보기가 어려워집니다. 전문 관리기계인 미니 경운기가 등장할 차례입니다. 미니 경운기는 보통 가솔린 엔진으로 작동하는데, 로터리라고 부르는 날로 흙을 부서줍니다.

고기능을 가진 경운기라 1,000㎡를 1~2시간 만에 갈아낼 수 있는 기종도 있고, 그 이상으로 농가에서 사용하는 성능에 가까운 것도 시판되고 있습니다. 반농생활이 본격화 되어 핸드볼 코트 크기의 텃밭을 돌봐야 한다면 고기능 경운기가 1대 있으면 작업은 아주 수월해집니다. 테니스 코트 크기의 텃밭에서도 미니 경운기가 1대 있으면 무척이나 편리합니다.

밭의 두둑 길이는 경작하는 사람의 체력에 따라 다르겠지만, 보통 5m를 넘으면 미니 경운기를 사용하는 편이 작업에 큰 도움이 됩니다. 최근에는 휴대용 가스렌지용 가스로 30분 정도 움직이는 것이라든가, 전자제품 감각으로 시동할 수 있는 것 등 기계에 약한 사람도 쉽게 쓸 수 있는 간편한 경운기도 있으므로, 테니스 코트 크기의 텃밭이라면 간이 미니 경운기를 사용하는 것도 권할 만합니다.

그런데 미니 경운기도 자동차처럼 옵션이 있습니다. '어태치먼트' 라고 하는 것이 그것입니다. 어태치먼트에는 '도랑 깨기' 나 '배토(북주기)' 등 다양한 용도의 제품들이 있고, 최근에는 각 메이커별로 초보자용 어태치먼트도 발매하고 있습니다.

어태치먼트를 미니 경운기에 장착해서 쓰면, 경운기를 운전하는 것만으로도 도랑을 가르거나 흙을 쌓아올릴 수 있습니다. 이와 같이 어태치먼트를 장착한 미니 경운기를 이용하면 괭이 사용법을 모르는 사람이라도 도랑을 파거나 두둑을 세우는 것이 간단해집니다. 즉 힘을 쓰지 않고도 작업할 수 있어서 여성이라도 손쉽게 큰 텃밭을 관리할 수 있을 것입니다. 이와 같이 점차 재배규모를 늘리게 된다면 그에 알맞은 도구를 갖춰 작업의 편이성을 높이는 것이 좋습니다.

Tip

- - - - - - - - - - - - - - - -

종묘상에 가자

반농생활로 텃밭을 키우기 시작한다면 꼭 한번 종묘상에 놀러가 보세요. 전문 농사꾼이 아니더라도 종묘상에 가면 배울 것이 많기 때문입니다. 종묘상에서는 먼저 씨앗과 모종을 종류별로 구입할 수 있고, 각종 농사기구, 비료와 농약, 농사용품이 준비되어 있습니다. 인터넷 검색이나 114를 이용해 가까운 종묘상을 찾아가봅시다. 요즘은 인터넷 종묘상도 있어서 이 모든 것을 배송해 주기도 하므로 편한 곳을 이용해 봅시다.

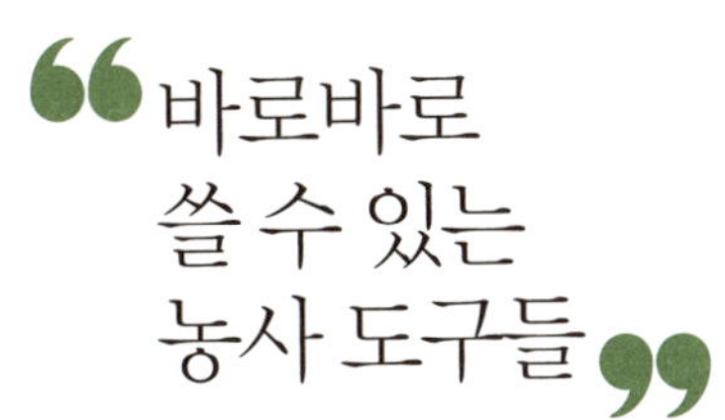

처음에는 삽 한 자루로 시작한 반농생활도 계속해 가
다 보면 역시 다양한 도구를 필요로 할 때가 많아집니다. 그래서 가지고 있으면 편리한 텃
밭용 경작도구를 소개합니다. 우선 경작용으로는 삼각 괭이가 있으면 편리합니다. 이름
그대로 날 부분이 삼각형을 이루고 있어서 지면에 대고 움직이면 5~10cm 정도 도랑이
만들어지는 훌륭한 도구입니다. 작은 도랑을 만들 때 활용 가능합니다.

삼각 괭이의 다른 한 가지 용도는 잡초베기입니다. 삼각 괭이의 날을 잡초 뿌리에 대고, 평
괭이처럼 '엉덩이를 내미는' 요령으로 뒤로 당기면 잡초 뿌리가 잘립니다. 좀 큰 면적의
잡초를 벨 때 퍽 요긴합니다. 경작용 도구 중 있으면 편리한 또다른 하나는 쇠갈퀴(레이크)
로 흙을 평평하게 고를 때 사용합니다. 가령 미니 경운기로 두둑을 세운 후에 두둑의 표면
을 이것으로 고르게 하면, 울퉁불퉁했던 땅이 보기 좋게 바뀝니다.

수확용으로는 부엌용 가위나 부엌칼, 과도를 준비하면 도움이 됩니다. 가지나 토마토, 브
로콜리 수확에는 부엌 가위, 양배추나 배추 수확에는 부엌칼이 사용됩니다. 가지나 토마
토를 딸 때는 부엌 가위로 자르면 쉽게 수확할 수 있습니다. 또 양배추나 배추는 뿌리 쪽에
부엌칼을 대고 쓱 자르면 한 통씩 수확됩니다. 그때 남은 잎들도 부엌칼로 잘라내면 집에

가서도 정리하기 쉬워집니다. 수확용 도구로 빼놓기 쉬운 것이 값싸게 장만할 수 있는 크린백(부엌용 비닐봉지)입니다. 보통 1~2m² 면적에 10~20종의 봄채소를 파종하므로 막상 수확할 때 수확용 트레이에 채소를 쌓아놓으면 여러 종류의 채소가 섞여버리는데, 그럴 때 상추, 쑥갓, 치커리, 열무, 아욱, 얼갈이 배추 등 비닐봉지에 나눠서 넣어두면 집에 가지고 갈 때도 편하게 들고 갈 수 있습니다.

또 수확한 채소를 큰 바구니에 한꺼번에 넣고 나를 때는 입고 있던 낡은 옷 등으로 덮어두는 것이 좋습니다. 맑은 날 수확을 하면 비닐봉지에 직사광선이 닿아 비닐 속 채소가 시들어버리는데, 그럴 때는 막 딴 채소를 넣은 비닐이 든 바구니에 헌옷을 덮어두면 도움이 됩니다. 마지막으로 측량도구도 여러분의 반농생활에 도움이 됩니다. 측량도구의 대표적인 것은 온도계나 pH수치를 재는 pH메타기 등이 있는데, 이들을 사용해 재배기술을 연마해 가면 여러분의 솜씨도 나날이 향상됩니다. 온도계는 당연히 텃밭의 기온이나 지면온도를 재기 위해 사용합니다. 몇 가지 채소는 스스로 자라는 힘을 가지고 있기는 하지만, 시기를 못 맞추면 자라지 않습니다. 각각의 채소에는 발아나 생육의 적정온도가 있기 때문입니다. 그래서 채소밭의 기온이나 지온(地溫)이 각각의 채소가 자라는 적정온도인지 체크하는 데 사용합니다. 온도계는 아날로그 방식은 바늘의 움직임이 느리고 정확하게 알기 어려우므로, 이화학 열전지 타입을 사용하는 것이 좋습니다.

pH메타기는 흙의 pH 수치가 채소 자라는 데 적합한 중성에 가까운지 아닌지를 측정할 때 사용합니다. 산성이 강한 흙은 알칼리성 석회를 뿌려 중화할 필요가 있는데, 석회를 너무 많이 뿌리면 또 알칼리성이 너무 강해져 버립니다. 그래서 적량의 석회를 뿌리기 위해서 pH메타기로 흙의 pH수치를 체크할 필요가 있는 것입니다. pH메타기는 흙에 꽂는 것만으로 pH수치를 알 수 있는 농업용이 편리합니다. 여러분도 부지런히 흙의 온도나 pH 수치를 확인해 가면서 채소를 재배해 보세요.

만능 괭이
평 괭이
삼각 괭이
호미
모종삽
낫
쇠갈퀴
삽
미니 경운기
멀칭용 비닐시트
물뿌리개
농업용 pH 메타기
온도계
전정가위
계량컵
바구니

스포츠를 할 때도 종목별 스타일이 있듯이 텃밭에서도 적합한 복장이 있습니다. 구체적으로는 허리띠가 없는 스타일이 좋습니다.

허리띠가 없는 스타일이란 말 그대로 벨트를 하지 않는 것을 말합니다. 미국 배우 크린트 이스트우드가 등장하는 서부영화 속 카우보이들은 청바지에 멜빵을 한 차림인데, 이 멜빵을 한 이유가 따로 있습니다. 허리띠를 하고 청바지를 입으면 몸을 조여서 작업에 부담을 주기 때문입니다. 멜빵으로 대신하면 일하거나 작업할 때 부담이 적습니다.

한국을 비롯해 일본에서도 농가 여성들은 옛날부터 몸빼바지를 입었습니다. 몸빼바지를 입는 이유는 허리 주변을 조이는 허리띠가 없기 때문입니다. 최근 일본의 농가에서는 현대적으로 멋지게 변신한 몸빼바지가 등장했습니다. 남자라면 서부극에 나오는 스타일의 멜빵 바지를 입으면 좋겠지요. 저는 일본의 절에서 작업복으로 입는 유도복과 비슷한 스타일의 '사무에'라는 전통복장을 하고 작업한답니다.

텃밭 복장의 두 번째 포인트는 팔과 발의 토시입니다. 밭에서는 조금만 걸어도 흙이 튀거나 잡초에 쓸려서 바짓단이 더러워집니다. 또 손이나 팔에도 흙이나 오염물이 잘 붙으므로 셔츠의 소맷부리에 때가 잘 탑니다. 팔토시나 발토시는 그런 오염을 막아줍니다. 흙의

오물이 붙은 토시는 벗어서 세탁물처럼 빨면 되므로, 밭에서 돌아온 후에도 정리하기가 쉽습니다.

텃밭에서 신으면 좋은 작업화도 준비해 봅시다. 밭의 흙은 부드럽고 질퍽질퍽해서 미끄러지거나 빠져버리는 일도 있으므로 일반 운동화를 신으면 꽤 더러워집니다. 또 두둑을 만들기 위해 흙을 갈거나 멀칭을 씌우거나 하는 작업을 한창 할 때는 다리에 흙이 감겨오므로 절대 좋은 신발을 신어서는 안 됩니다. 신발에 신경을 쓰게 되어 농작물에 집중하기 어렵기 때문입니다. 최근에는 여성용 컬러풀한 장화도 많이 시판되고 있으므로 취향대로 자신만의 작업용 신발을 준비해 봅시다.

[한 여름철 텃밭 복장]

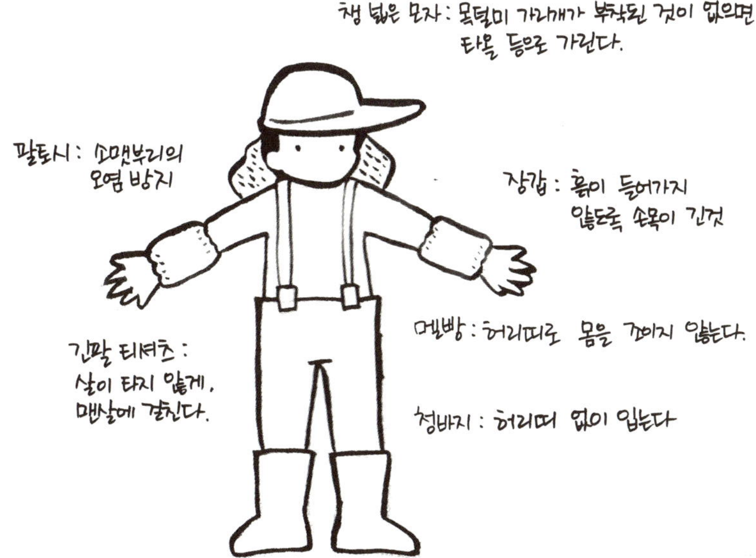

햇볕이 강한 텃밭에서는 자외선 차단대책을!

텃밭 일은 실외에서 하는 작업이므로 당연히 자외선에 신경 써야 합니다. 그런데 1년 중 자외선 수치가 가장 높아지는 계절은 언제일까요? 자외선에는 장파장인 A타입과 단파장인 B타입 2종류가 있어서 A타입은 5월에, B타입은 8월에 최대치가 됩니다. A타입은 장기간에 걸친 영향이 피부에 축적되고 그 결과 주름으로 나타납니다. B타입은 단기간에 피부를 타게 하고 피부암을 초래합니다.

그러므로 자외선 대책은 A, B 타입 양쪽을 다 세워야 합니다. 물론 A나 B 타입 모두 기본적으로는 최대한 자외선에 피부노출을 줄여야 합니다. 그러기 위해서는 한여름이라도 긴 소매 옷을 입는 것이 방법입니다. 직사광선에 그을리면서 작업을 하기보다는 햇볕을 차단하는 게 사실 가장 좋습니다. 맨살에 긴 소매 티셔츠를 입으면 바람이 불 때는 피부에서 땀이 증발해 시원함을 느낄 수 있습니다. 머리에는 햇볕가리개나 밀짚모자 같은 챙이 넓은 것을 쓰고, 목덜미까지 천으로 덮어서 피부노출을 피하도록 합시다.

제 경우에는 조깅용 마이크로 화이바 제품을 이용하고 있습니다. 조깅과 텃밭 활동은 공통점이 있습니다. 남녀를 불문하고 조깅숍에는 편리한 아이템이 많으므로 한번쯤 가보면 좋을 것입니다.

이와 같이 피부노출을 최대한 줄인 후에 그래도 노출되는 부분에는 UV 화장품을 바르는 것이 좋습니다. 자외선 차단 화장품의 성능은 'SPF' 라는 수치로 표시되어 있습니다. SPF 수치는 실험을 통해 정한 것으로 SPF 수치가 배라고 해서 효력이 2배인 것은 아닙니다.

보통 계절이라면 SPF 20으로 95%, SPF 30으로 97%의 자외선을 막을 수 있다고 합니다. SPF 수치가 높은 것은 그만큼 다량의 차단제를 사용하고 있기 때문에 피부부담이 클 가능성이 있습니다. 그래서 한여름 옥외활동을 제외하고는 SPF 20~30 정도의 것을 2~3시간 걸러서 한 번씩 다시 발라주는 것이 기본적입니다.

반면 한여름 텃밭작업을 할 때는 SPF 50의 강도 높은 것을 쓰는 것이 좋겠지요. 그리고 한 겨울에도 채소밭에는 자외선이 꽤 내려쬐기 때문에 계절을 불문하고 늘 신경 써야 피부건 강을 지킬 수 있습니다.

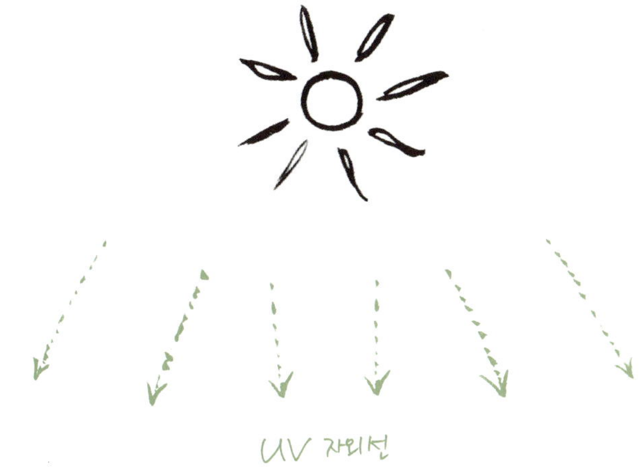

반농생활은 직접 채소를 키워먹는 것이므로 '무농약, 유기농으로 키우고 싶다'고 생각하는 사람이 많을 것입니다. 하지만 무농약 재배에 대해서 설명하기 전에 알아둘 것은 '농약에 대한 오해'입니다. 농약은 어쨌든 위험하더라도 뿌리면 병이나 해충이 바로 사라지는 '마법의 약' 같은 것이라고 생각하는 사람이 많은데 그것은 크나큰 오해입니다.

농가에서 농약을 사용하는 이유는 반드시 해충이 나와서거나 병충해 때문만은 아닙니다. 농가에서는 '예방'을 위해서도 농약을 사용하는 일이 많습니다. 농약을 뿌려서 해충이나 병원균을 죽이는 것이 가능했다고 해도, 이미 벌레가 먹거나 그 흔적이 남은 채소는 상품 가치가 없어지기 때문입니다. 이 점에서 농약은 가정용 살충제와는 큰 차이가 있습니다. 가정용 살충제는 눈앞에 있는 파리나 바퀴벌레를 바로 죽이는 것을 목적으로 합니다. 해충에 스프레이를 뿌리면 어딘가로 도망가고 그러는 중에 어딘가에서 죽어버릴 것이라고 생각합니다. 가정용 살충제에는 이처럼 '녹아웃 효과'라고 해서 눈앞에서 해충을 죽이는 것이 목표로 그 자리에서 한방에 없애도록 약제를 배합하고 있습니다.

이에 비해서 농약은 '해충이 접근하지 못하는 것'을 목표로 합니다. '방제'라는 말 그대로 생육기간 중에 뿌려두면 해충을 막아줍니다. 그리고 수확 무렵에는 농약이 분해되어 기준치 이하밖에 남지 않도록 만들어져 있습니다.

Tip

친환경 농산물 인증 표시

- **유기농산물**　　3년 이상 농약, 화학비료를 사용하지 않고 재배한 농산물
- **무농약농산물**　농약을 사용하지 않고 재배한 농산물
- **저농약농산물**　농약을 1/2 이하로 사용하여 재배한 농산물

잘못 사용하면 위험한 농약

절대 '마법의 약'이 아닌 농약을 능숙하게 사용하기란 초보자에게는 좀 어려운 일입니다. 우선 농약 뒤에 쓰인 표시를 정확하게 읽어둬야 합니다. 농약은 채소 종류별로 등록되어 있어서, 여러분이 키우는 채소용으로 등록된 농약 이외에는 사용하면 안 됩니다.

그러나 농약 패키지에 써 있는 표시는 사실 초보자가 이해하기에는 어려운 것이 좀 있습니다. '피망, 옥수수'처럼 농약을 사용해도 좋은 채소라고 해당 채소명이 하나씩 제대로 표기되어 있지 않기 때문입니다.

가령, 해당 채소가 '아스파라거스(시설재배)'라고만 써있다면, 비닐하우스 밖에서 재배하는 아스파라거스에는 사용하면 안 됩니다. 또 과채류라고 써있다면 토마토나 오이에 사용하는 농약이므로 브로콜리는 대상이 아닙니다.

다음 쪽 예를 보면, 양배추용에는 희석비율이 1,000배, 브로콜리용에는 2,000배라고 표시되어 있습니다. 이 경우, 양배추에 사용한 1,000배의 농약액이 남았다고 해서, 브로콜리에 뿌리면 기준위반이 됩니다.

이와 같이 어느 정도 지식이 없으면 제대로 사용하는 게 어렵지만, '조금 정도는 괜찮지 않을까? 어차피 난 초보자이고, 아무튼 해충을 죽이는 약이니까 어떻게 써도 상관없을 거야' 등의 생각은 절대 해서는 안 됩니다.

왜냐하면 여러분이 사용한 농약 때문에 이웃 농가의 채소를 못 팔게 되는 일도 생기기 때문입니다. 일본에는 '포지티브 리스트제' 라는 제도가 있습니다. 좀 어려운 말이지만, 2003년 일본의 식품위생법 개정에 따라 도입된 제도로 '잔류농약 기준에 나와있지 않은 농약은 검출된 단계에서 일률적으로 그 채소의 유통을 금지한다. 농가가 스스로 뿌리지 않은 경우라도 대상으로 삼는다' 라는 내용이 있습니다.

이 제도에 따르면 여러분이 무심코 사용한 농약이 옆의 밭에 날아가서 그 밭에서 수확된 채소에서 검출되어 버리면, 무농약으로 키웠더라도 그 채소에 영향을 주기 때문입니다. 일본에서는 최악의 경우, 이웃 농가 사람들로부터 고소당하는 일도 발생합니다.

현대인들의 식품 안전의식이 높아진 결과, 농약기준은 날로 엄격해지고 있습니다. 그것은 동시에 농약기준의 '고도화' '복잡화'를 의미합니다. 고도로 복잡해진 기준의 전부를 이해하고 농약을 제대로 사용하는 것은 초보자에겐 너무 높은 벽입니다. 이러한 이유에서라도 반농생활에서는 무농약 재배로 채소를 키우는 편이 훨씬 좋은 것입니다.

무농약 재배, 병충해에 주의하자

채소를 무농약으로 재배하기 위해서는 해충이나 병에 신경 쓰는 것이 중요합니다. 해충은 실제로 벌레를 발견하면 좋겠지만, 잎채소가 아닌 채소 잎사귀에 조그만한 벌레 먹은 자국만 남아있는 경우에는 간과하는 사람이 많습니다.

예를 들어 양배추 같은 잎에 구멍이 나면 벌레 먹었다는 것을 누구나 알 수 있지만, 브로콜

	❶ 작물명	❷ 적용 병충해명	❸ 희석배율	❹ 사용시기	❺ 본제품 및 OO(성분명)을 포함한 총 사용횟수	사용방법
	양배추	진디물류, 배추좀나방	1000배	수확 30일 전까지	3회 이내	살포
	브로콜리	배추좀나방	2000배	수확 30일 전까지	2회 이내	살포
	토마토	진디물류	1000배	수확 10일 전까지	2회 이내	살포

[사용상 주의사항] OO제 또는 잎 표면 살포비료와의 혼합을 피한다!

❶ 작물명

농약 사용가능한 농작물이 표기되어 있다. 이 농약의 경우에는 양배추, 브로콜리, 토마토에 사용할 수 있다.

❷ 적용 병충해명

농약으로 방제되는 병이나 해충명이 기재되어 있다. 이 농약의 경우에는 진디물류와 배추좀나방류가 대상이다.

❸ 희석배율

사용할 때 희석해야 하는 배율이 기재되어 있다. 이 농약은 양배추와 토마토는 1,000배, 브로콜리는 2,000배로 희석해서 사용해야 한다.

❹ 사용시기

농약 살포시기나 수확 며칠 전까지 사용할 수 있는지를 기재하고 있다. 이 농약의 경우에는 양배추와 브로콜리는 수확 30일 전까지, 토마토는 수확 10일 전까지 사용할 수 있다.

❺ 사용횟수

농작물의 재배기간 중에 같은 유효성분이 포함된 농약을 사용할 수 있는 횟수가 기재되어 있다. 이 농약은 양배추가 3회 이내, 브로콜리와 토마토는 2회 이내로 제한해 사용할 수 있다.

리 잎에 미세한 구멍이 나있거나 뭔가 작은 게 도톨도톨하게 나있다면 간과해 버리는 사람이 많습니다. 브로콜리 잎은 먹는 부분이 아니므로 신경 쓰지 않기 때문이겠죠.

병에 대해서도 마찬가지입니다. 잎에 구멍이 뚫려있든가 반점이 생겼다고 해서 딱히 병이라고 생각하지 않는 사람이 많습니다. 키우는 채소별로 어떤 병충해가 생길 수 있는지 파종이나 모종을 심은 후에 점검해 두도록 합시다.

Tip

텃밭에 많이 생기는 병충해

- **벼룩잎벌레** 초봄 열무, 봄배추, 쌈 채소 파종 후 발아한 새싹을 파먹거나 8월경 김장농사용 모종을 공격한다. 고가인 친환경 농약이나 다이아톤을 쓰거나 촘촘한 한랭사를 씌워서 방제한다.

- **진딧물** 채소의 잎 뒷면에 붙어 수액을 빨아먹어 잎을 오그라들게 만든다. 개미가 많이 모이면 진딧물이 있다. 물엿 희석액 등 끈적끈적한 액체를 분사해서 질식시켜 죽인다.

- **이십팔점박이무당벌레** 봄부터 가을까지 감자 잎 등에 서식. 잎 뒤에 노란 알을 낳는다. 번식력이 너무 좋아서 방치하다간 텃밭을 몽땅 망친다. 약이 없으므로 처음부터 수시로 잎뒤를 살펴 잡아준다.

- **달팽이, 민달팽이** 생각보다 번식력이 좋아서 그냥 놔두면 텃밭이나 화단 모두 완전히 망친다. 종묘상에 파는 팽이싹이란 약제를 밭 주변에 뿌려놓으면 달팽이가 먹어서 퇴치된다.

- **배추흰나비** 배추애벌레가 배추에 눈 똥이 있으면 배추벌레가 있다. 힘들더라도 젓가락으로 하나하나 잡아주는 것이 좋다. 그렇지 않으면 배추 속이 찰 때 속잎을 갉아먹어 농사를 망친다.

- **굼벵이** 매미의 애벌레로 땅속 고구마를 갉아먹어 피해를 입힌다. 토양살충제를 쓰거나 추운 날 밭을 갈아엎어 얼려죽이기도 한다.

- **온실가루이** 통풍이 잘 안 되는 잎 뒷면에 하얗게 붙어 즙액을 빨아먹는데, 건드리면 날아간다.

- **개미** 이랑 한가운데 생겨서 방해가 되는 개미굴은 삽으로 파서 멀리 옮겨버리거나 약을 친다.

- **응애** 밀폐된 온실이나 하우스, 집 베란다 화단에서 발생하는데 눈에 잘 보이지 않을 정도로 작은 벌레지만 순식간에 퍼져서 식물을 죽인다. 천연농약인 난황유로 없애는데 직접 만들어 쓰기도 한다.

병충해 종류를 체크했다면, 다음으로 대책을 마련해야 하는데 우선은 해충대책부터 소개합니다. 작은 텃밭이라면 나무젓가락이나 핀셋으로 해충을 하나씩 잡는 것도 좋겠지만, 그것도 귀찮다면 '질식작전'을 추천합니다. 이것은 마시고 남은 우유나 세제 등을 스프레이로 뿌려서 해충을 질식시키는 방법입니다. 가루비누 성분과 같은 '지방산 글리세드'를 '농약'으로 판매하고 있는 메이커도 있는데, 이것도 해충을 질식시켜 잡는 방법으로 지방산 글리세드 농약의 사용은 유기농 재배농산물 기준으로도 인정받고 있습니다.

인기 높은 '자연농약'의 대부분은 해충을 죽이는 효과가 낮은 편이지만, 이것은 벌레가 싫어하는 냄새를 내서 벌레를 접근하지 못하게 하는 효과를 노린 것입니다. 그밖에 방충망도 유력한 대책의 하나지만 방충망을 이용할 경우에는 벌어진 틈으로 벌레가 들어오지 않도록 주의할 필요가 있습니다. 만약 방충망 틈으로 벌레가 들어와 안에서 알을 낳아버리면 오히려 역효과를 내기 때문입니다.

마지막으로 간단한 병에 대한 대책을 알려드립니다. 장마 기간 중에 잎에 반점이 생겼을 정도의 가벼운 증상의 병이라면 맑은 날 석회를 뿌리면 진행이 멈춥니다. 단, 중증의 병이라고 생각될 때는 꼭 전문가와 상담을 하도록 합시다.

어린이의
지혜를
발달시키는
농사경험

흙과 접할 수 있는 농사경험이 지력발달에도 도움이 된다며 최근 주목받고 있습니다. 일본에서는 2007년 제1회 전국학력시험을 치른 어린이들에게 동시에 '생활습관 앙케트'를 실시했습니다. 이 테스트와 앙케트 결과를 비교해 보면 '화초나 채소를 키운 경험이 있다'고 대답한 어린이들 쪽이 그런 경험이 전혀 없는 어린이들과 비교해, 국어, 수학 모두 정답률이 높은 것을 알 수 있었습니다.

물론 1개의 테스트와 앙케트 결과만으로 채소를 키운 쪽이 학습능력이 높다고 말하는 것은 너무 극단적일 수 있겠지만, 제 채소밭 교실에 오는 어린이들이나 어른을 보고 있으면 식물이나 흙을 접하고 자라나는 경험은 인간에게 있어서 '대뇌 사용법'을 배울 수 있는 소중한 기회라고 생각합니다.

농작업은 대뇌를 향상시키는 훈련

가령 채소밭 교실에서 '채소 심는 구멍'을 파주세요 라고 하면 어린이들은 어른과 함께 구멍을 파기 시작하는데, 어린이든 어른이든 모두 당황하는 일이 자주 있습니다. 그것은 흙에 저항이 있어서 공기 중에서처럼 몸을 자유롭게 움직이기 힘들기 때문입니다. 모처럼 구멍을 팠는데도 흙이 무너져 버리거나 자신의 뜻대로 되지 않는 일이 자주 생깁니다. 생각한대로 잘 되지 않으면 어린이들은 어른과 함께 여러 가지 궁리를 하기 시작합니다. '삽을 꽂아 넣는 각도를 바꾸자' 라든가 '힘을 더 넣어 삽질을 하자' '구멍이 무너지지 않도록 구멍을 넓게 파고, 구멍 주면의 깊은 곳까지 경사를 완만하게 하자' 라는 식입니다.

채소밭에서는 모두 이렇게 와글와글 떠들면서 흙파기를 시도합니다. 이것이 인간을 대상으로 했다면 문제(불편함)를 느꼈다고 해서 모두 사이좋게 의논하면서 해결하지는 않았을 것입니다. 가령 자신의 뜻대로 되지 않는 반 친구들을 앞에 두고, 그 '불편함' 을 어떻게든 해소하려고 생각하면 '왕따(이지메)' 라는 형태로 나타날 수도 있습니다. 또, 공부나 일, 성적이 생각만큼 오르지 않으면 이것도 뜻대로 되지 않는 일이지만, 대처법을 생각하는 것 자체로도 우울해집니다. 어린이든 어른이든 모두 그렇습니다.

그러나 같은 '불편함'에 대처하는 것인데도 흙이나 식물을 접하는 체험이라면 와글와글 즐겁게 떠들 수 있습니다. 인간에게 있어서 대뇌를 사용하는 일은 정말 즐거운 일로, 그 사용법이 향상되는 것 역시 즐거운 일이기 때문입니다.

이러한 사고훈련을 경험했다고 해서 곧바로 공부나 일의 성적이 향상되지는 않겠지요. 그렇지만 전국 수준의 학력 테스트와 앙케트처럼 그러한 사고훈련을 한 어린이들과 그렇지 않은 그룹을 통계적으로 비교해 보면 역시 차이가 납니다. 그리고 그 결과에는 누구나 공감할 것입니다.

완고한 마음도 부드럽게

어린이들이 주말마다 채소밭에 나와 식물을 접하는 경험을 하게 되면, 도시에서의 이기적인 생활태도도 서서히 사라집니다. 함께 일하며 웃고 떠드는 사이에 닫혀 있던 마음이 열리기 때문입니다. 인간은 스스로 무언가를 키울 때 책임감과 더불어 자주적인 힘이 생겨납니다. 또 그 키우는 대상물로 인해서 마음도 부드럽게 순화되는 이점이 있습니다. 어린이와 어른, 가족이 모두 함께 텃밭 가꾸기를 한다면 평소 부족했던 대화시간도 갖게 되어 가족 내 분위기도 한층 좋아지지 않을까요?

4가지
타입별로 익히는
채소재배법

**채소재배는
의외로
많은 관리가
필요하지 않다**

'와~, 겨우 이 정도 수고로도 채소가 잘 자라네!' 라
고 생각할 만큼 채소재배는 의외로 힘들지 않습니다. 그 이유를 한마디로 말하면 채소는
스스로 자라는 힘을 가지고 있기 때문입니다. 채소가 자라는 힘의 정체는 '광합성과 생장
사이클' 입니다.

씨를 뿌리면 이윽고 싹이 나오고 떡잎이 벌어지며 그 후에 본잎이 나옵니다. 그것은 여러
분도 잘 알고 있을 겁니다. 이 프로세스에 필요한 에너지는 씨앗과 떡잎의 광합성에서 나
옵니다. 씨앗 속에는 떡잎이 될 때까지 필요한 양분이 들어있습니다. 말하자면 싹을 낼 때
까지 먹을 수 있는 도시락 같은 것입니다.

떡잎이 나오면 떡잎 자체가 햇볕을 이용해 광합성을 시작합니다. 그리고 떡잎의 광합성으
로 생긴 산물을 이용해서 모종은 본잎을 냅니다. 본잎이 나오면 모종은 본잎의 광합성 산
물을 이용해 다음 본잎을 냅니다. 이렇게 점차 본잎을 늘리면서 광합성을 통해 새로운 본
잎을 계속 나오게 하는 것이 바로 광합성과 생장 사이클입니다.

씨앗은 싹이 나오기에 앞서 뿌리를 뻗고 흙에서 수분을 흡수하기 시작하는데, 본잎이 나
온 후에는 광합성 산물이 '뿌리'의 생장에도 이용됩니다. 대개 지상의 줄기와 잎만큼 뿌리

도 크게 생장해 갑니다.

모종을 심은 경우에도 본잎이 나오면 성공입니다. 모종을 심은 후에 뿌리가 주변 흙 속에 뻗어서 수분을 흡수하게 될 때까지 일시적으로 시든 것처럼 보일 때가 있지만, 제대로 뿌리내리고 수분을 빨아들이면 다시 괜찮아집니다. 새로운 싹, 본잎이 나오고 모종은 광합성과 생장 사이클을 시작합니다.

어느 정도 줄기나 잎이 커지고 잎의 수가 늘어나면 잎의 광합성 산물은 '결실'을 맺는데 사용됩니다. 가령 옥수수라면 '열매', 무나 당근이라면 '뿌리', 양배추나 배추는 '결구'. 우리들이 보통 먹는 부분을 키우기 위해서 광합성 산물이 열매, 뿌리, 결구에 흘러들어갑니다. 이런 흐름의 프로세스와 역할은 자동으로 일어납니다. 채소는 햇볕과 대지의 수분, 양분을 받아 섭취해서 혼자서 잎을 늘리고 혼자서 열매 맺어 가는 것입니다.

채소가 자라는 것을 도와주기만 하면 된다

그렇다면 텃밭 채소관리는 무엇을 위해서 할까요? 채소가 스스로 자라는 것을 도와주기 위한 것입니다. 가령, 모종에 충분한 빛이 들도록 주변의 풀을 뽑아준다거나, 잎과 잎이 서로 햇볕을 가리지 않도록 불필요한 잎사귀를 솎아내준다거나 채소가 스스로 자라기 위한 더 좋은 환경으로 정리해 주는 것이 '관리'인 것입니다.

관리를 완벽하게 못했다고 안 자라지는 않습니다. 밭에 가서 잡초를 뽑아는 주었지만 시간이 부족해서 일부밖에 못했다거나 주말밖에는 시간이 안 되는데, 밭에 못 나가서 제초를 전혀 못했더라도 다음 주에 가서 풀을 베어주면 됩니다.

1주일간 풀로 덮여 있었다고 해서, 채소가 다 말라죽지는 않기 때문입니다. 좀 건강해 보이진 않아도 풀을 제거해 주면 다시 건강하게 생장해 갑니다. 다만, 그 1주일이 계속 쌓여 몇주씩 돌보지 못하게 되면 곤란하겠지요.

농가 분들을 보면 채소밭의 경우, 손질을 하거나 관리를 한다기보다는 '주의를 기울이고 있다'는 것을 잘 알 수 있습니다.

지면에 비료나 퇴비를 뿌릴 경우에는 어느 채소나 균등하게 양분을 흡수할 수 있도록 균일하게 뿌린다, 씨앗을 뿌릴 시기에는 지면에 홈이나 씨앗 뿌릴 구멍을 만들면서도 어느 씨앗이나 일제히 발아하도록 구멍의 깊이를 균일하게 한다… 등, 농부들은 이런 것들에 꼼꼼히 신경쓰고 있는 것입니다.

그런데 미처 신경 쓰지 못했다거나 텃밭을 처음 시작해서 무엇에 주의를 기울여야 하는지 모른 채 씨앗을 뿌렸다고 해도 괜찮습니다. 빨리 자라는 모종이 있기도 하고, 천천히 자라는 모종도 있어서 수확할 때는 모양이나 크기가 제각각이기도 하지만, 모두 따서 맛있게 먹을 수 있습니다. 일단 관심의 끈만 놓지 마세요.

혼자서 먹거나 지인들에게 주거나 하는 분량이라면 그 정도로도 충분합니다. 바자회 등에서 판매를 해도 꽤 팔릴 것입니다. 최근에는 균일하지 않은 모양이야 말로 손수 재배한 채소로 인정받아 더 인기가 있습니다. 점점 재배가 능숙해면 어떤 일에 주의를 기울여야 하는지 차근차근 알게 됩니다. 그렇다고 해서 할 일이 더 많이 늘어나는 것은 아닙니다.

채소관리는 2가지만 기억해 두면 된다

채소의 관리는 세밀하게는 여러 가지가 있지만, 크게 보면 '씨 뿌리기나 모종심기'와 '발아나 모종 심은 후의 관리'로 나뉩니다. 준비작업으로는 우선 흙을 갈아서 거름을 섞어 넣습니다. 이것은 흙과 거름이 골고루 구석구석까지 섞이게 하는 일입니다. 이와 같이 해서 흙에 거름을 섞어 넣었다면 깊은 홈을 파서 비료를 넣습니다. 그리고 흙을 다시 메우고 거기에 흙을 높이 쌓아올려서 두둑을 만들고, 씨앗을 뿌리거나 모종을 심습니다.

준비작업은 채소종류나 계절 등에 따라 몇 가지 변화를 줘야 합니다. 예를 들어 감자는 씨

감자가 비료나 거름에 닿으면 썩어버리므로, 흙에 거름을 섞어 넣지 않고 씨감자에 닿지 않도록 비료와 따로 묻어주는 것이 보통입니다.

이와 같은 차이는 있지만 준비작업부터 씨뿌리기, 모종심기까지의 기본작업은 어떤 채소건 대개 비슷합니다. 그리고 씨뿌리기나 모종심기 후, '광합성과 생장 사이클'이 시작되면 채소는 혼자서도 잘 생장해 가는 것입니다.

씨뿌리기나 모종심기 후에 생장단계에 따라 해야 할 손질은 채소의 종류에 따라 대개 정해져 있습니다. 예를 들어 무나 당근처럼 뿌리채소나 감자류는 북주기(배토)가 아주 중요합니다. 또 과채류일 경우에는 곁잎 따기가 필요합니다.

특히 초보자라면 이 그룹의 채소는 이런 패턴의 관리가 필요하다는 정도만 외워두면 크게 틀릴 일은 없습니다. 그러면 관리에 필요한 도구도 이것저것 어렵게 생각할 필요 없이 간단하게 준비해 갈 수 있게 됩니다.

반농생활에서 채소를 손쉽게 키우려면 '채소의 성장법' 별로 이해하는 것이 가장 빠른 길입니다. 채소의 성장법에는 크게 4가지 패턴이 있어서 그 패턴에 따라 키우는 방법도 달라지기 때문입니다.

채소의 성장법은 1단계형, 2단계형, 다단계형 3가지로 나눠집니다. 여기서 '단계'는 생장 중의 변화에 따른 구분으로, 1단계형은 처음 새싹이 돋고 본잎이 나도 처음 모습 그대로 크기만 자라나는 것입니다. 2단계형은 2단계로 그 모습이 변화해 가는 채소들이며, 다단계는 계속 변화해 가는 것. 그리고 중간단계의 채소로 콩류가 있습니다.

시금치류와 같이 잎이나 줄기가 그대로 자라기만 하면 먹을 수 있는 것이 1단계형, 잎이나 줄기가 자란 후, 먹는 부분이 커졌을 때 수확하는 것이 2단계형입니다. 가령 무는 잎이 10장 정도가 되면 뿌리가 튼실해지고, 양배추나 배추는 통으로 결구를 이루는데 둘 다 2단계형 채소입니다.

다단계형은 토마토나 오이처럼 점차 열매가 자라나는 타입으로 몇 번씩 계속 수확하는 즐거움이 있습니다. 이 4가지 타입은 더욱 세분화하면 11개의 패턴으로 나눠집니다. 각 종류별로 하나씩 익히려면 어렵게만 생각되는 채소의 성장, 재배법도 이 패턴에 따라 포인트를 기억해 두면 초보자라도 수월하게 키울 수 있습니다. 어려워 하지 말고 차근차근 읽어가면 따로 외우지 않아도 재배과정이 머릿속에 그려질 것입니다.

1단계형 채소의 성장패턴

잎이나 줄기가 자라면 그대로 먹을 수 있는 채소로 시금치처럼 잎사귀가 많은 채소입니다. 1단계형은 다시 모양에 따라 '원반형'과 '줄기형'으로 나뉘는데 봄이나 가을에 자라는 잎채소와 시금치류는 원반형입니다. 유채처럼 겨울을 지나며 자라는 채소는 줄기형입니다.

① 원반형 채소 : 시금치, 상추 등→102쪽
② 줄기형 채소 : 쑥갓, 유채, 갓→104쪽

2단계형 채소의 성장패턴

결구를 이루거나 뿌리가 굵어지는 것, 구근, 줄기다발이 포기 나누기를 하는 것, 잎이나 줄기가 자란 후에 열매를 만드는 것 등이 2단계형 채소입니다. 2단계형 채소의 성장패턴은 다음의 5종류가 있습니다.

③ 결구를 만드는 채소 : 양배추, 배추 등→107쪽
④ 뿌리가 굵어지는 채소 : 무나 당근 등→108쪽
⑤ 감자류 : 감자나 고구마, 야콘 등→113쪽
⑥ 구근, 줄기채소 : 마늘이나 생강 등→112쪽
⑦ 열매가 되는 채소 : 옥수수→120쪽

다단계형 채소의 성장패턴

잎이 커지고 생장하면서 점차 열매를 맺어가는 채소로 토마토나 오이 등의 열매채소가 대표적인 예입니다. 다단계형 채소의 성장패턴은 기본적으로는 다음의 3종류입니다.

⑧ 나무처럼 자라나는 채소 : 토마토, 가지, 피망 등 → 114쪽

⑨ 덩굴이 뻗는 채소 : 오이 등 → 117쪽

⑩ 덩굴이 뻗고 무거운 열매를 맺는 채소 : 수박, 호박 등 → 119쪽

2단계형과 다단계형 채소의 중간 성장패턴

⑪ 콩류 : 풋콩, 까치콩(작두) → 113쪽

크게 4가지로 구분되는 이들 타입에 따른 성장 포인트를 익혀 가면 채소밭을 시작해 바로 다양한 종류의 채소 키우기에 도전할 수 있습니다. 처음이라 낯설겠지만, 이 구분법이 초보자에게는 각각의 채소 종류별로 익히는 것보다 훨씬 간단한 방법입니다. 채소별 재배방향을 크게 나눠서 익힐 수 있는 장점 때문이지요.

1단계형
잎이나 줄기가
그대로 자란다

① 원반형 채소 : 시금치 등

② 줄기형 채소 : 쑥갓·유채 등

2단계형
잎이나 줄기가
자란 후, 열매·뿌리·
알 등이 커지는 채소

③ 결구를 이루는 채소 : 양배추·배추 등

④ 뿌리가 굵어지는 채소 : 무·당근 등

⑤ 감자류 : 감자·고구마·야콘 등

⑥ 알뿌리, 줄기채소 : 마늘이나 생강 등

⑦ 열매 맺는 채소 : 옥수수 등

다단계형
잎이 커지고 꽃이
피며 열매 맺는 채소

⑧ 나무처럼 자라는 채소 : 토마토·가지·피망 등

⑨ 덩굴을 뻗는 채소 : 오이 등

⑩ 덩굴이 뻗고 무거운 열매 맺는 채소 : 수박·호박 등

**2단계와 다단계의
중간형**

⑪ 콩류 : 풋콩·누에콩·검은콩 등

각종 채소재배 달력

	1월	2월	3월	4월
봄철 잎채소 (근대·아욱·부추·갓·봄배추·봄무)				▓
시금치		▓	▓	▓
쌈채소				▓
김장배추·무				
대파				▓
당근				
고추·가지·오이				
토마토				
고구마				
옥수수				▓
콩				▓
호박				▓
감자				▓
양파·마늘				
허브류				▓

5월	6월	7월	8월	9월	10월	11월	12월

이듬해 수확

파종/모종

1단계형 채소는 별 관리 없이도 빠르게 자란다

채소의 성장패턴별 재배 포인트를 좀 더 자세히 배워 봅시다. 우선 가장 간단한 '1단계형 채소'부터 설명합니다. 1단계형 채소는 모두 쉽게 키울 수 있어서 자주 돌보지 않아도 될 정도입니다. 그중에도 시금치나 상추처럼 원반형 채소는 더 간단합니다. 씨를 뿌리고 싹이 나온 후에 본잎이 나고, 잎사귀가 늘어나면 그냥 수확만 하면 되기 때문입니다.

원반형 채소의 재배요령

씨를 뿌리는 방법으로는 '줄 뿌리기'와 '점 뿌리기' 2종류가 있습니다. 줄 뿌리기는 지면에 깊이 5mm~1cm의 금을 긋고 그 속에 솔솔 뿌려가는 방법입니다. 점 뿌리기는 처음부터 15cm 정도의 간격에 5mm~1cm 정도의 깊이로 구멍을 파서, 각각의 구멍에 몇 알씩 씨앗을 뿌리는 방법입니다.

원반형 채소의 경우, 발아 후에 필요한 관리라고 해봤자 겨우 솎아주기 정도입니다. 솎아주기도 어렵게 생각할 필요는 없습니다.

줄 뿌리기로 재배한다면, 발아 후 생장에 따라 옆에 있는 포기끼리 달라붙지 않을 정도로

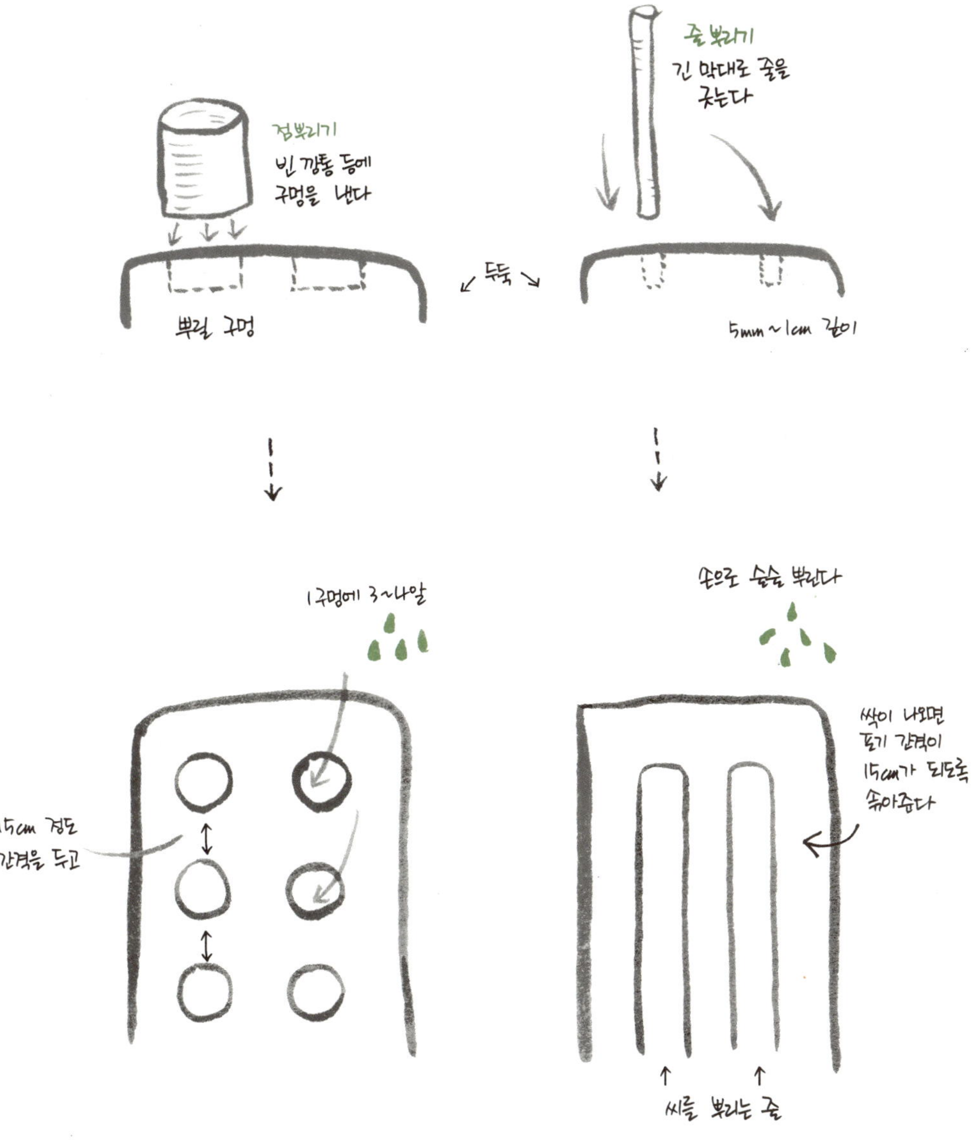
점뿌리기
빈 깡통 등에 구멍을 낸다
뿌릴 구멍
줄뿌리기
긴 막대로 줄을 긋는다
둑둑
5mm~1cm 깊이
1구멍에 3~4알
15cm 정도 간격을 두고
손으로 슴슴 뿌린다
싹이 나오면 포기 간격이 15cm가 되도록 솎아준다
씨를 뿌리는 줄

잎사귀를 조금씩만 솎아줘서 최종적으로 포기와 포기 간격이 10~20cm 정도가 되면 좋습니다. 솎아낸 부드러운 이파리는 버리지 말고 샐러드를 만들어 먹으면 됩니다. 한편, 점 뿌리기로 멀칭재배를 하면 솎아주기를 생략하는 것도 가능합니다.

잎채소의 경우, 1m² 당 계량컵 1컵 정도의 비료를 주면 충분합니다. 종묘상 등에서 판매하는 계분(鷄糞)이나 화학비료를 사용합니다.

시금치를 키울 경우, 농가에서 시금치 재배에 드는 노동시간의 85%가 수확 후 상자에 담거나 포장하는 '출하, 조정'에 사용됩니다. 반대로 말하면 생육 도중에 필요한 노동이 거의 없다고도 할 수 있습니다. 그러므로 싹이 제대로 발아하도록 씨 뿌리는 방법만 완벽하게 익히면 시기를 놓치지 않는 한 시금치류의 수확은 대부분 가능합니다.

원반형 채소 재배법으로 봄, 가을 잎채소의 씨 뿌리는 방법만 마스터하면, 다양한 채소로 도전해 볼 수 있는 기초가 확립됩니다. 봄, 가을에 씨 뿌리기 가능한 원반형 채소 가운데에는 이밖에도 치마상추, 양상추, 청경채, 겨자, 그린 머스터드, 루꼴라 등이 있습니다.

줄기형 채소의 재배요령

줄기형 채소는 싹을 따내면 따낸 싹의 좌우에서 또 새로운 싹이 나옵니다. 수확을 반복해 갈수록 포기가 크게 자라나는 것들입니다. 쑥갓, 갓, 유채 등의 잎채소는 모두 줄기형 재배를 합니다.

한여름에도 간혹 시장이나 마트에 잎채소가 부족한 경향이 있는데, 참비름이나 머위 등을 키워두면 여름나물 무침으로 먹을 수 있어서 편리합니다.

원반형인 시금치나 근대, 아욱 등은 줄기가 별로 길게 자라지 않고 잎이 지면에 넓어지는데, 머위 등의 줄기는 아주 길게 자라납니다. 이와 같이 줄기형 채소는 크게 자라나므로, 원반형 채소보다 포기와 포기 사이를 더 넓게 해 주는 것이 포인트입니다. 30cm 정도로

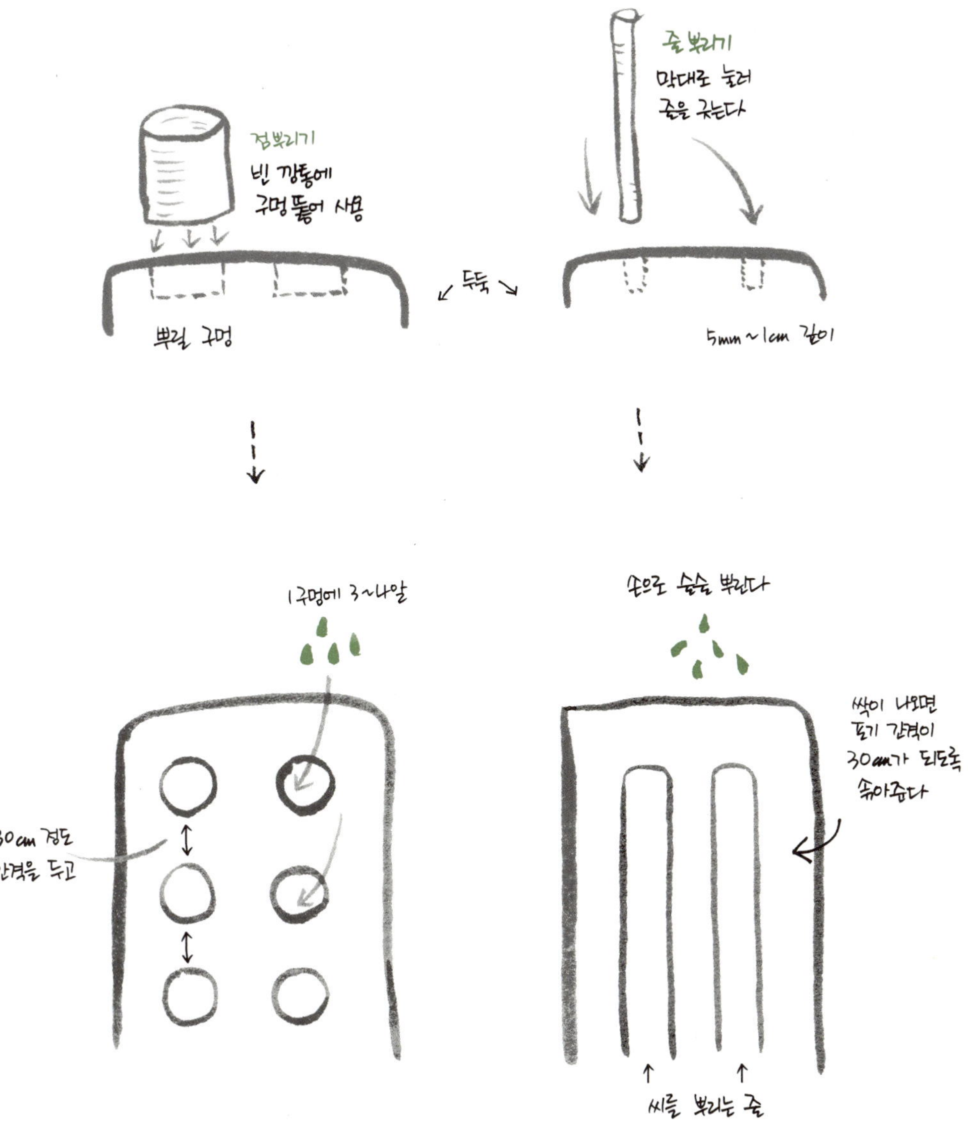
점뿌리기
빈 깡통에
구멍 뚫어 사용
뿌릴 구멍
줄 뿌리기
막대로 눌러
줄을 긋는다
두둑
5mm~1cm 깊이
1구멍에 3~4알
30cm 정도
간격을 두고
손으로 숭숭 뿌린다
싹이 나오면
포기 간격이
30cm가 되도록
솎아준다
씨를 뿌리는 줄

간격을 넓혀서 점 뿌리기를 하든지, 줄 뿌리기 해서 발아 후에 솎아주기를 해서 포기 사이를 30cm 간격으로 넓혀가도 됩니다.

또 비료는 원반형 채소보다도 조금 더 주는 것이 좋습니다. 가령 시금치의 1.2배 정도가 적당합니다.

봄, 여름, 가을부터 심을 수 있는 잎채소는 그 종류도 다양하다. 쉽게는 모종으로 구입해서 심을 수 있는데 양배추, 상추생채, 축면청상추, 치마상추, 축면적상추, 레드치커리, 치커리, 로메인양상추, 청경채, 레기니양상추, 다채 등. 쌈채소들은 텃밭이나 베란다 재배를 처음할 때도 모종만 구하면 누구라도 손쉽게 키울 수 있어서, 텃밭이든 주말농장이든 시작만 하면 사먹을 필요가 전혀 없게 된다.

2단계형은 잎이나 줄기가 자란 후, '먹는 부분(결구, 뿌리, 구근, 열매 등)'이 커지는 채소입니다. 2단계에 걸쳐 자라는 만큼 1단계형보다 씨 뿌리기부터 수확까지 시간이 더 걸립니다. 가령, 1단계형인 시금치는 1개월 정도면 다 자라는데, 배추나 무는 2~3개월, 양배추는 반년 정도 걸립니다.

결구를 이루는 채소는 씨 뿌리는 시기에 주의

채소는 키우는 동안 일정한 생육환경이 계속 유지되지 않으면 잘 자라지 않습니다. 그러므로 생육기간이 긴 2단계형 채소는 씨 뿌리는 시기를 잘 지키는 것이 1단계형보다도 더 중요합니다. 2단계형 채소로 대표적인 것은 배추인데, 배추는 봄배추와 김장용 가을배추, 작물과 작물 사이에 밭이 비는 2개월 이내의 짧은 기간을 이용하여 사이짓기로 재배하는 엇갈이배추, 늦가을이나 초겨울에 심어 가꾸는 반결구형(半結球型)인 얼갈이배추가 있습니다. 이 가운데 가을배추는 생육초기에 높은 온도를 필요로 해서 8월 중에 직파나 육묘파종을 하는 것이 중요합니다. 결구가 시작되면 서늘해야 잘 자라는데, 11월 중에 수확되는 가을배추는 추워지면서 자라나 조직이 치밀해져 더 아삭한 맛을 줍니다.

반면, 봄배추는 4월 초에 파종이나 모종을 심어 여름에 수확할 수 있습니다. 고온에서 자라나 가을배추처럼 조직이 강하지 않은 특징이 있습니다.

양배추는 봄, 여름, 가을에 재배하는데 봄재배는 고랭지에 적합한 재배법이고, 여름재배는 6~8월에 파종하여 11월에서 그 다음해 4월까지 수확합니다. 가을재배는 남부지방에 적합한 재배법으로 9월 중순~10월 초에 파종하고 다음해 4~7월에 수확할 수 있습니다. 봄에 심는 양배추의 경우, 겨울에 농가 사람들이 비닐하우스 속에서 씨를 뿌려서 키운 모종을 구입해서 심는 편이 초보자가 키우기에는 더 수월한 편입니다.

뿌리가 굵게 자라는 채소는 북주기를 확실히!

2단계형 채소 중에 특히 무나 당근 같은 뿌리채소나 감자류는 북주기가 아주 중요합니다. 북주기란 포기 밑동에 흙을 모아주는 것으로 북주기를 하면 뿌리가 지표에 노출되는 것을 막아서 부드럽고 단맛을 내는 뿌리로 자라납니다.

가령 무는 잎이 10장 정도가 되었을 때 뿌리가 굵어지기 시작해서 이윽고 잎이 붙어있는 밑동까지 지표에 노출될 정도로 자라납니다. 무의 흰 '뿌리'의 윗부분은 뿌리와 줄기가 분명치 않은 경계부분으로 지표에 노출되면 파랗고 딱딱하게 변합니다. 그래서 북주기를 해서 이 부분까지 흙에 묻어주면 딱딱해지는 것을 막을 수 있습니다.

북주기는 배토라고도 하는데, 2단계형 채소를 키울 때, 북주기를 '사이갈이' '김매기' '웃거름' 작업과 함께 해주면 몇 번의 수고를 줄일 수 있으므로 '사이갈이, 김매기, 웃거름, 북주기'를 한데 묶어서 부르기도 합니다.

앞에서도 서술한 것처럼 북주기는 잎이 10장 전후가 되었을 시기에 하는데, 이때쯤에는 잡초가 눈에 띄게 자라날 무렵이기도 하고, 채소가 많은 양분을 필요로 하기 시작하는 때와도 겹칩니다.

[북주기]

뿌리채소 등
북주기
밑동에 흙을
모아준다
두둑
두둑

[사이갈이·김매기·북주기]

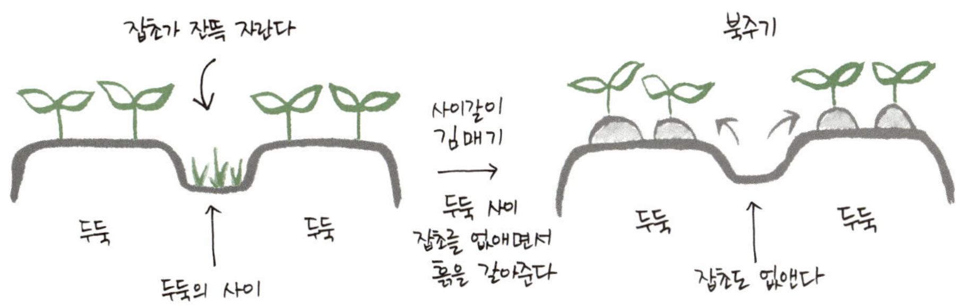
잡초가 잔뜩 자란다
북주기
사이갈이
김매기
두둑 사이
잡초를 없애면서
흙을 갈아준다
두둑
두둑
두둑의 사이
두둑
두둑
잡초도 없앤다

그래서 북주기와 김매기, 웃거름(추가로 비료를 주는 것) 주기를 함께 하면 몇번의 수고를 줄일 수 있습니다. 이 때문에 행해지는 것이 두둑과 두둑 사이를 김매서 흙을 부드럽게 갈아주는 '사이갈이(中耕)'입니다. 사이갈이를 할 때 갈아준 흙을 밑동에 모으듯이 괭이를 움직이면 북주기도 동시에 됩니다.

사이갈이를 하면 두둑 사이의 잡초가 흙 속에 묻혀서 자라기 어려워집니다. 다시 잡초가 싹을 틔울 무렵에는 채소가 이미 커져 있으므로, 두둑 사이나 채소의 밑동에 햇볕이 닿지 않아 잡초가 자라기 어려운 상태가 됩니다.

다소 많은 잡초가 생겼다고 해도 2단계형 채소는 잡초가 무성해지기 전에 수확을 앞두는 경우가 많으므로 북주기를 겸한 사이갈이가 풀을 없애는 데 드는 수고를 덜어주는 것입니다.

두둑 사이에 비료를 뿌려두고 나서 사이갈이, 북주기를 하면 비료가 포기 밑동에 모이므로, 웃거름이 되기도 합니다.

[사이갈이 · 김매기 · 웃거름 · 북주기]

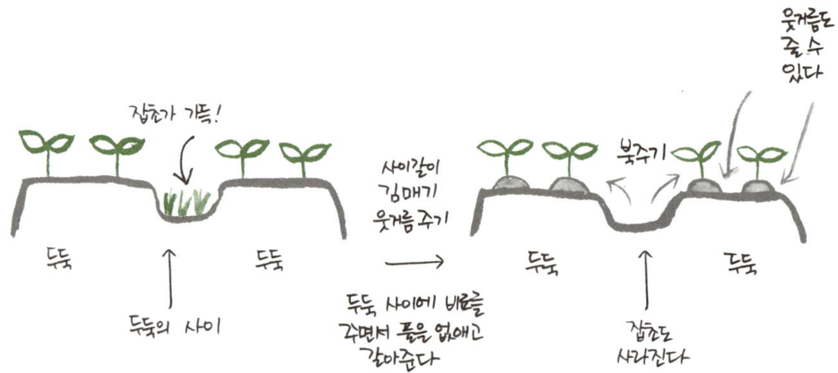

대부분의 채소는 생육 초기에는 비료가 별로 필요하지 않습니다. 특히 파종이나 모종을 심은 직후에 막 뻗기 시작한 어린 뿌리가 강한 비료를 접촉하면 뿌리가 타버리는 일도 있으므로, 초기단계에 다량의 비료를 뿌리면 오히려 해가 되기도 합니다.

비료가 필요한 시기는 잎이 10장 정도 났을 시기라고 서술했지만, 이 무렵에 무의 경우라면 뿌리가 굵어지기 시작하는 것처럼 '먹는 부분(식용)'이 커지기 시작합니다. 그래서 파종이나 모종 시점에서 준 비료(원비)를 준비해 양분이 필요할 때에 웃거름(추비)을 더 주는 방법이 널리 쓰이고 있는 것입니다. 이와 같이 사이갈이에 의한 북주기는 2단계형 채소를 키우는 합리적인 농사작업 방법인데, 뿌리채소나 감자류에서는 아주 중요한 작업입니다.

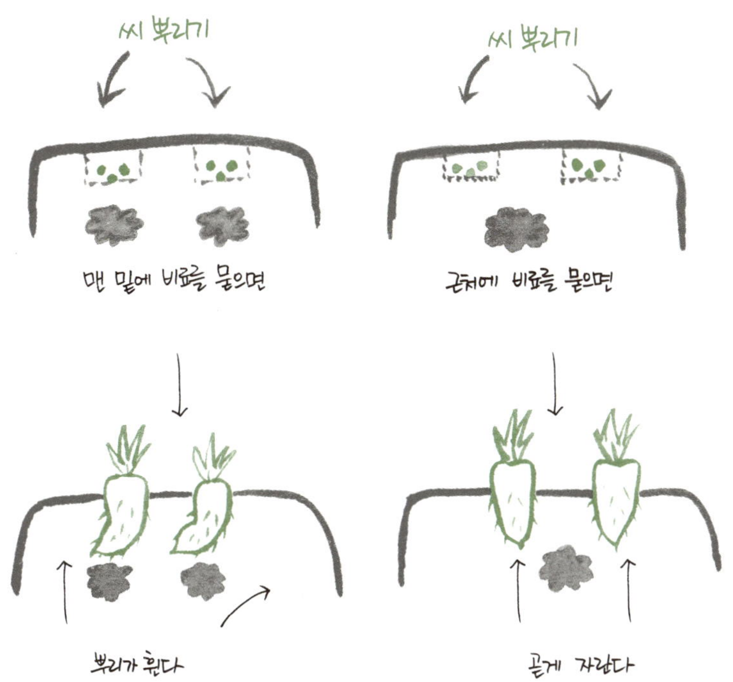

하지만, 무나 당근을 키울 때는 다른 한 가지 중요한 것이 또 있습니다. 그것은 뿌리 맨 아래에 비료나 거름을 묻지 말아야 하는 것입니다. 뿌리 맨 아래에 비료나 거름을 묻으면 뻗어온 무나 당근의 뿌리가 비료를 싫어하기 때문에 굽거나 갈라지기도 합니다. 물론 맛은 변함없지만, 굽거나 갈라진 뿌리는 수확시는 물론 먹을 때나 팔 때도 좀 곤란해지기 때문입니다. 무나 당근을 키울 때는 비료나 거름은 씨앗 맨 아래가 아니라 근처에 묻는 것에 주의합시다.

덩이뿌리나 알뿌리 채소는 포기 나누기로!

파나 부추, 생강, 야콘, 콜라비 등은 알뿌리나 덩이줄기를 포기 나누기 해서 증식시킵니다. 알뿌리나 덩이줄기는 양분 덩어리이므로 발아하기 쉬운 채소입니다. 발아 후 별다른 관리도 필요 없고, 광합성 산물을 땅속에 흘려보내 새로운 알뿌리나 덩이줄기를 만들어 갑니다. 늘어난 알뿌리나 덩이줄기를 포기 나누기 해서 다시 심어 주면 점점 증식해 계속 수확할 수 있게 됩니다.

생강이나 쪽파, 야콘 등은 잎채소처럼 한 번에 많이 먹는 것이 아니므로, 텃밭 한쪽 구석에 조금 심어 가끔씩 수확하도록 하면 식탁이 그만큼 풍성해질 것입니다.

또 대파를 키우면 텃밭 안에 경계선이나 표식이 되어 주기도 합니다. 3~5m 정도 길이로 열을 지어 포기 나누기 해서 심으면 매년 계속해서 먹을 수도 있습니다.

각각의 심는 시기는 생강은 4월 하순, 당근은 7~8월입니다. 대파는 봄에 파종해서 여름에 옮겨 심고, 가을부터 다음해 봄까지 수확합니다. 대파는 가늘고 길기 때문에 북주기를 잘해야 합니다. 씨앗에서부터 키울 생각이라면 부추, 대파도 4월에 파종할 것을 권합니다.

감자류와 콩류는 초보자라도 쉽게 키울 수 있다

감자류는 2단계형 채소, 콩류는 2단계형과 다단계형 채소의 중간 타입입니다. 둘 다 무척 쉽게 키울 수 있는 채소이므로 초보자에게 좋습니다. 감자와 콩은 양분을 풍부히 포함하고 있어 대부분 자연스럽게 커나가기 때문입니다.

채소는 씨를 뿌린 후에 싹이 나고 떡잎이 벌어지기까지 필요한 양분은 씨앗 속에 있는 것을 사용하는데, 감자류나 콩류는 이 양분이 풍부해서 대개 잘 발아합니다. 그리고 일단 발아하면 잎이 잘 생장하며, 광합성 산물을 감자나 콩에 보내 결실을 맺게 하므로, 열매가 되기까지 별 관리가 필요 없습니다.

감자류나 콩류는 씨를 뿌리거나 모종을 심는 시기를 놓치지 않는 한 대개 잘 자랍니다. 각각의 심는 시기는 감자는 3월 하순에서 4월 상순, 고구마는 5월, 토란은 4~5월경입니다. 풋콩은 최초의 꽃이 피고 나서 1개월 만에 수확할 수 있으므로, 꽃이 피었다면 달력에 표시를 해두면 좋을 것입니다. 검정콩(서리태)이나 팥 같은 잡곡이나 메주콩(백태)은 4월에 파종하는 것이 좋습니다.

감자류나 콩류도 무나 당근처럼 북주기가 중요합니다. 특히 감자는 뿌리 부분에 직사광선이 닿으면 파랗게 변해 먹지 못하게 되어버리므로, 반드시 북주기를 해야 합니다. 그리고 수확한 감자의 일부를 보존해 두면 다음해 씨감자로도 이용할 수 있는데, 감자는 바이러스병의 원인이 되는 일이 있으므로, 매년 제대로 소독한 씨감자를 사는 편이 좋습니다.

고구마는 '삽수(꺾꽂이용으로 잘라낸 뿌리나 줄기)'라는 모종이 초여름에 출하되므로, 그것을 구입해서 심습니다. 감자나 토란, 고구마의 심는 간격은 30cm 정도입니다.

한편, 콩류는 뿌리 주변에 '근립균(根立菌)'이라는 공기 중의 질소를 암모니아성 양분으로 변화시키는 박테리아가 번식하기 때문에 질소비료를 준비해 둡시다.

" 다단계형인 토마토, 가지는 지주를 세워서 키운다 "

인기 많은 토마토나 가지, 피망 등 초여름 채소는 모두 다단계형입니다. 이들 채소는 5월에 모종을 심으면 장마 초기인 7월 하순부터 수확을 시작해 여름 동안 나무가 생장하면서 계속 열매를 맺어 10월 정도까지 꾸준히 수확할 수 있습니다.

다단계형 채소는 생장단계가 많아서 2단계형 이상으로 생육기간이 긴 것이 특징입니다. 5월 연휴에 토마토나 가지의 모종을 심기 위해서는 2월경 파종할 필요가 있지만, 토마토나 가지는 따뜻한 기후를 좋아하는 식물이므로, 준비하는 것이 좀 힘들어서 종묘상 등에서 모종을 구입하는 편이 무난합니다.

토마토나 가지 등 채소에 비료나 웃거름을 줄 경우에는 구멍을 파서 비료나 웃거름을 묻고 그 위에 모종을 심습니다. 이 경우 '간토(間土)'라고 해서, 비료와 모종의 뿌리가 직접 접촉하지 않도록 묻은 비료 위에 흙을 덮고, 그 위에 모종을 심도록 해야 합니다.

화학비료를 사용할 경우에는 적어도 1주일 정도 전까지 비료를 묻어둡시다. 종묘상 등에서 팔고 있는 발효계분을 사용할 경우에는 충분히 간토를 해주면 제 경험으로는 모종을 심는 당일에 계분을 묻어도 큰 문제는 없었습니다.

비료 주는 방법에는 몇 가지가 있습니다. 처음 소량의 화학비료를 주고 웃거름을 주어가

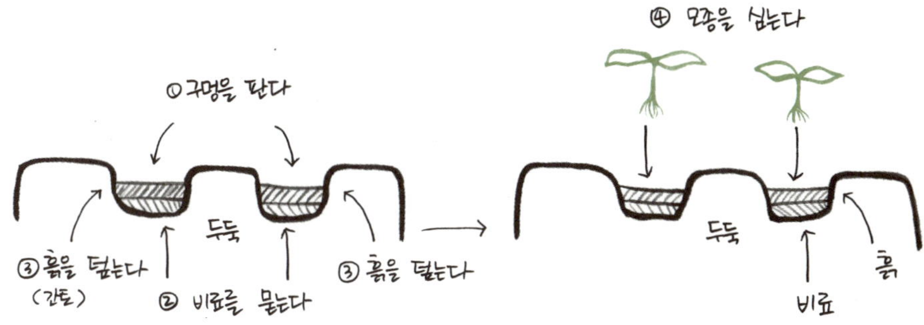

는 방법과 구멍을 깊게 파서 계분과 웃거름을 섞은 흙을 깔고, 다시 계분과 웃거름을 넣어서 2단계로 비료를 묻어둔 후 웃거름을 주지 않는 방법 등입니다. 어느 방법으로 해도 모두 합쳐 시금치에 준 배 이상으로 비료를 줄 필요가 있습니다.

한편, 토마토나 가지를 관리할 때 중요한 것은 지주를 세우는 것과 곁순 제거하기입니다. 자라나는 나무와 무거운 열매를 지탱하기 위해서는 지주를 세우는 일이 꼭 필요합니다. 이 때문에 모종을 심었다면 그 자리에 지주를 세워두도록 합시다. 피망류의 열매는 가볍지만 줄기가 가늘고 부러지기 쉬우므로, 역시 지주가 필요합니다.

곁순 제거도 중요합니다. 곁순을 제거하지 않으면 장마 같은 때에는 엉망으로 자라나 엉켜버려 통풍이 안 되기도 하는 등 생육에 지장을 주며, 원줄기로 가야 할 영양분이 곁순으로 가서 줄기가 전체적으로 가늘고 약해집니다.

토마토의 경우에는 곁순은 전부 따고, 중심이 되는 원줄기 하나만 지주에 뻗어가게 잡아줍니다. 혹시 미처 못 따내서 그냥 자라버린 곁순이 있다면 6월까지는 잘라서 땅에 묻어주

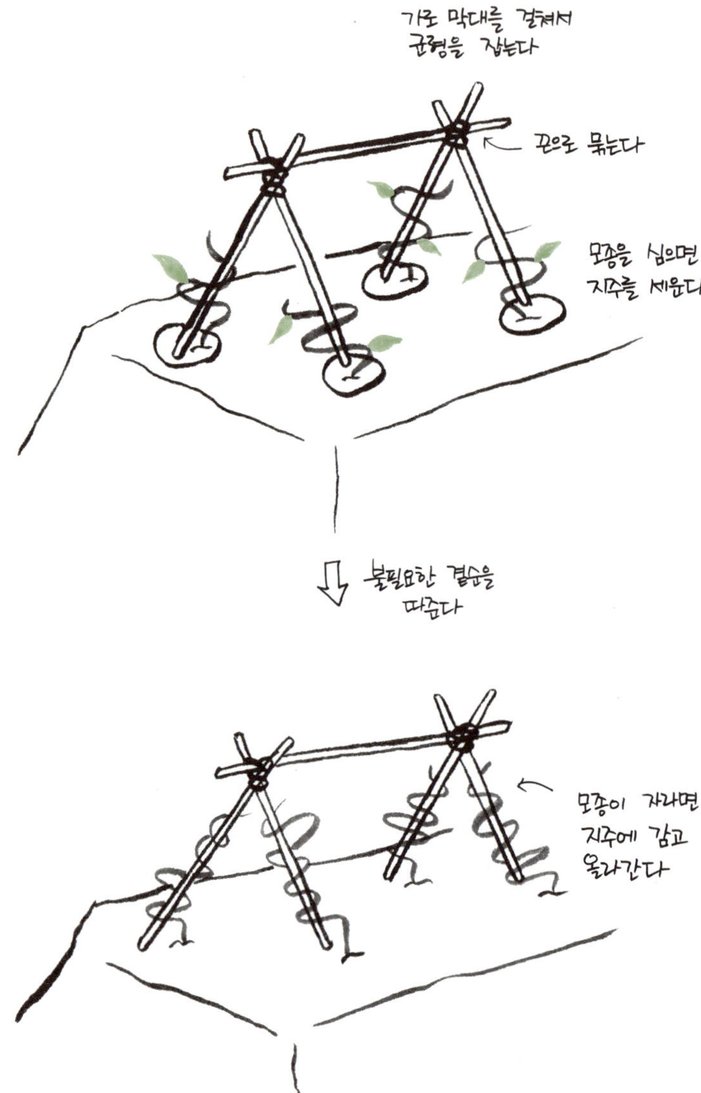
가로 막대를 걸쳐서
균형을 잡는다
끈으로 묶는다
모종을 심으면
지주를 세운다
불필요한 곁순을
따준다
모종이 자라면
지주에 감고
올라간다

거나 물에 담가두면 뿌리가 내려서 다시 옮겨심기를 할 수 있습니다.

가지나 피망의 경우에는 2개 지주나 3개 지주를 세워 본 덩굴 외에도 1~2개의 곁순을 다른 지주에 기대어 자라나도록 잡아주면 각각 지주에 열매를 맺게 되는 것이 보통입니다.

오이는 절대 수꽃을 따지 말아야 한다

오이과도 다단계형 채소입니다. 오이과는 덩굴손이 계속 자라나고 또 새로 나오면서 넓혀가는 동안 점차 열매를 맺어가므로, 토마토나 가지처럼 곁순 제거가 중요합니다.

단, 같은 다단계형 채소라도 오이과는 토마토나 가지와 크게 다른 점이 2가지 있습니다. 오이과 꽃에는 수꽃과 암꽃이 있어서 두 가지가 없으면 수분을 할 수 없습니다. 수분이 불가능해도 오이의 열매가 생기지 않는 것은 아니지만, 제대로 수분한 열매가 훨씬 더 맛있어집니다.

오이의 관리는 통풍을 좋게 하기 위해서 뿌리쪽 잎을 따줍니다. 또 조금씩 포기가 커져가므로 수확을 시작하려면 뿌리에 가까운 쪽의 암꽃을 따야 합니다. 이때 실수로 수꽃을 따지 않도록 주의하세요.

오이과가 토마토나 가지와 또 다른 한 가지는 덩굴이 길게 뻗어가는 것입니다. 그래서 오이를 키울 경우에는 지주를 세우거나 그물망을 덮어서 덩굴이 타고 올라가게 해야 합니다. 지주를 쓸 때는 어린 덩굴손은 따주고, 주된 줄기 덩굴만 지주에 감아 올라가도록 합니다. 이때 지주의 높이보다 덩굴이 더 많이 뻗어가면 맨 앞쪽을 따서 성장을 멈추게 해야 합니다.

그물망을 덮어 재배할 경우에는 어린 덩굴손을 여러 개 계속 뻗어나가게 해서 덩굴이 확장되게 해도 괜찮지만, 덩굴손 수가 너무 많거나 너무 어린 덩굴손까지 뻗어나가도록 방치하면 엉망진창이 되므로, 그렇게 되지 않도록 정성껏 덩굴을 잘라내도록(순지르기) 합시다.

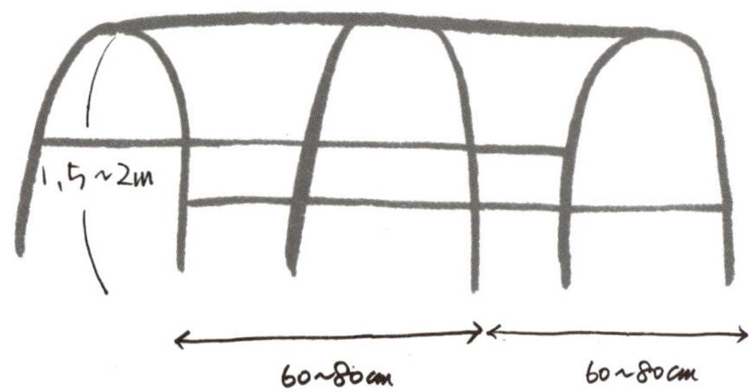
1.5~2m
60~80cm
60~80cm

그물에 덩굴이 타고
올라가며 자란다
(오이 등)
그물망을
씌워준다

호박, 수박 등 흙을 기는 덩굴 타입은 썩지 않도록 짚을 깐다

다단계형 채소는 토마토나 가지처럼 나무가 자라는 타입과 오이처럼 덩굴이 뻗는 것으로 나뉩니다. 덩굴 타입은 오이처럼 비교적 열매가 가벼운 것과 호박이나 수박처럼 무거운 것으로 다시 분류할 수 있습니다.

호박이나 수박은 열매가 무겁기 때문에 지주나 그물로 지탱하는 것이 불가능합니다. 그래서 땅에 기면서 지면에 덩굴이 덮어가며 키우는 방법이 이용됩니다. 호박이나 수박 외에 딸기나 고구마도 땅에 덩굴을 뻗으며 자라나는 채소입니다.

지표를 기며 자라는 채소를 키우기 위해서는 큰 면적이 필요합니다. 구체적으로는 최소한 사방 5~10m 범위를 점령해 버리므로, 300m²(약 90~100평) 이상의 채소밭이 아니면 재배하기 어렵습니다. 덩굴이 뻗어나가 이웃의 채소밭이나 농원까지 침범해 버리면 곤란한 일이 발생하기 때문입니다.

그래서 작은 크기의 텃밭밖에 없다면 미니 호박처럼 비교적 열매가 가벼운 품종을 선택하고, 지주를 세우고 그물을 덮어서 오이처럼 덩굴이 감아올라가게 해야 합니다.

땅에 기는 채소를 키울 경우에는 지면에 짚이나 멀칭을 깔도록 하세요. 겨우 맺은 열매에 진흙이 묻으면 그때부터 썩어버리기 때문입니다. 짚을 구하기 어렵다면 하천에 자라는 갈대나 억새를 베어다 깔아줘도 됩니다.

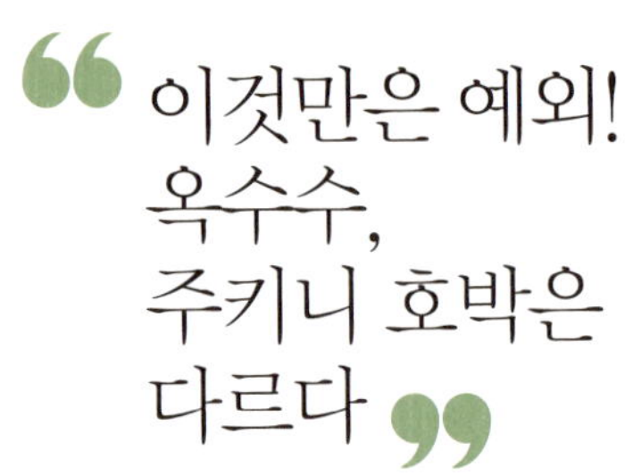

옥수수는 2단계형이라 토마토나 가지, 오이처럼 '곁순'이나 '덩굴손'이 점점 생장해서 가로로 넓혀가지는 않습니다. 자연스럽게 위로만 뻗어가며 훤칠하게 크는 '식목형(樹木形)'이라 그대로 마지막까지 생장해 갑니다.

그 때문에 옥수수는 다른 다단계형 채소처럼 곁순을 따는 수고는 하지 않아도 됩니다. 옥수수는 씨를 뿌리거나 모종을 심어도 잘 자라주는 채소입니다.

옥수수의 파종과 모종 시기는 4월로, 5월에는 옮겨 심어주면 좋습니다. 비료양은 종묘상 등에서 파는 계분이라면 한 포기당 계량컵 1컵 정도입니다. 비료는 씨나 모종을 심는 장소에 미리 묻어주면 됩니다. 옥수수를 심는 간격은 대략 30cm 정도입니다. 마지막에는 1~2m 정도 크기로 생장하므로 2m 높이에 가까운 지주 등으로 받쳐주는 것이 좋습니다. 수확기는 한여름이고, 옥수수는 2단계형이므로 한 번 열매를 수확하면 그것으로 끝납니다.

주키니 호박 키우는 법

주키니는 다단계형 채소로 호박의 일종이지만 덩굴이 호박만큼 뻗어나가지는 않습니다. 호박은 열매가 잘 익어야 먹을 수 있고, 샐러드용 오이는 15cm 정도 자랐을 때 수확하는 것처럼 보통 오이과는 수확시기가 대략 정해져 있습니다.

이에 비해서 주키니는 다 자란 열매가 아니라, 꽃이 핀 뒤 5~7일 정도 지난 미숙한 열매를 수확해 먹습니다. 오이보다 조금 큰 크기가 되는 150~200g 정도 자랐을 때 수확하는 것이 적당합니다. 수확하지 않고 그대로 둔 채 7~10일 정도 지나면 굵기 10cm, 크기 30~50cm 정도로 훌쩍 커지고 1m가 넘게 자라기 때문입니다.

이와 같이 주키니는 처음 열매 맺어 몇 센티 되지 않았을 때나 완전히 다 자랐을 때까지 아무 때고 수확할 수 있다는 점에서 다른 채소와는 다른 특징을 가지고 있어서, 다양한 채소 재배법을 익힐 때 주키니만은 예외란 것을 기억해 둬야 합니다.

주키니 키우는 방법은 간단합니다. 4~5월경에 파종하거나 모종을 심어도 잘 자랍니다. 덩굴은 뻗어나가지 않지만, 꽤 크게 생장하므로 다른 채소와의 거리는 2m 정도 벌려두어야 합니다.

주키니는 키울 때 재미있는 점이 하나 있습니다. 덩굴손의 이동 때문에 지주를 조금씩 옮겨주는 것입니다. 주키니는 덩굴이 뻗어나오지는 않아도 가지나 토마토처럼 비교적 야무지게 '나무'가 되는 것은 아닙니다. '덩굴'과 '나무' 중간으로 어정쩡한 강도의 줄기가 자라면서 무거운 열매를 떠받치는 형태가 됩니다.

특히 한여름에는 열매의 생장도 빨라지므로, 열매의 무게를 지탱하지 못하고 줄기가 쓰러져 버리는 일도 있습니다. 그래서 주키니는 줄기의 생장에 따라 지주를 조금씩 옮겨줄 필요가 있습니다. 처음에는 주된 줄기에 지주를 세우지만, 조금 지나면 지주를 뽑아내서 50cm 정도 옆에 다시 세웁니다. 그러면 덩굴손이 자라면서 그쪽으로 이동해 갑니다.

뿌리 근처에 가깝고 열매가 달리지 않은 부분의 줄기는 지면에 기게 하고, 끄트머리에 다시 열매를 맺으면서 일어서는 부분의 줄기를 지탱하도록 지주에 묶어두는 요령이 필요한 것입니다.

" 월 1회로 OK!! 쉽게 김매는 방법 "

채소를 키우면서 가장 손이 많이 가는 것은 잡초 뽑기 (김매기)입니다. 한여름에 풀을 뽑는 일은 고생스럽다는 인식 때문에 농사 일이 힘들다고 생각하는 사람이 많습니다. 그렇지만 거실 크기 정도라면 그다지 힘들지 않으며, 요령을 익혀 가면 1,000m² 채소밭이라도 매주 1~2시간 정도면 잡초에 대처할 수 있습니다. 제초의 요령은 2가지 있습니다. 첫번째는 잡초의 뿌리를 깨끗이 잘라내는 것이고, 그 다음에는 뽑아서 다른 곳에 두는 것입니다. 뽑은 풀은 별도의 장소에 가져가서 태우든지 쌓아 놓고 퇴비로 만드는 것입니다.

잡초는 3주 정도 지나면 다시 싹을 틔우고 자라납니다. 그러나 채소밭이 잡초로 가득해질 만큼 되는 것은 제초 후 1개월 정도는 지났을 때까지 방치했을 때입니다.

잡초를 제거할 때는 귀찮더라도 제대로 제초해야 효율적입니다. 그래서 이때 사용되는 도구로 '호미'를 추천합니다. 호미는 자루와 날의 각도가 수직으로 되어 있어서, 자루를 지면에 수직으로 세워서 쓰면 날이 지면과 평행으로 움직입니다. 그래서 잡초를 뿌리부터 잘라내는데 적합합니다. 호미로 잡초를 깨끗이 제거해 두면 여러분의 채소밭은 여름철에도 깨끗하게 보존될 것입니다.

[쉽게 김매는 법(제초)]

호미
풀을 벨 때
사용하면 편리!

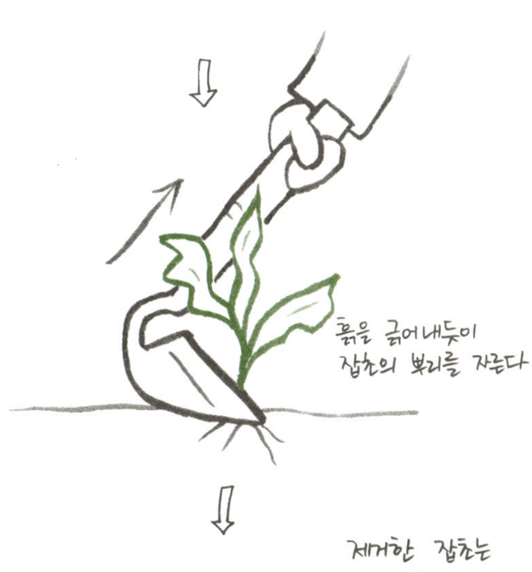
흙을 긁어내듯이
잡초의 뿌리를 자른다

제거한 잡초는
다른 장소에서
처분한다

슬로푸드는
슬로라이프를
실현한다

한국에서는 2010년에 재개된 심각한 구제역, 그리고 조류독감(AI) 등으로 인해 생육환경은 생각하지 않고 빨리 키워 빨리 잡아먹은 동물들, 축산물에 대한 반성을 하게 만들었습니다. 옛날에는 닭 한 마리를 키워도 생육기간을 다 채워서 땅을 밟으며, 마당에서 뛰놀며 자라도록 놓아두고 기른 탓에 닭을 잡아 요리하면 그 음식냄새가 멀리 동구 밖까지 날 정도라던 어른들의 이야기가 생각납니다.

좁은 우리와 축사에서 사료로 몸을 키워온 축산물들처럼, 채소나 과일 역시 좀더 빠르게 좀더 크게, 많이 열매 맺고 자라는 것을 목표로 한 나머지 어릴 때 먹던 깊은 맛이 사라지고 현대인들이 집착하고 탐닉하는 단맛 등만 강조된 모양 좋은 것들이 넘쳐나는 시대입니다.

올해는 일본의 센다이에서 쓰나미와 지진, 이로 인한 원전붕괴까지 이어져 전 세계가 방사선 공포에 떨고 있습니다. 특히 먹을 거리에 대한 안전, 식품안전이 마치 '안보'처럼 주목받기에 이르렀습니다. 여기에 사상 최고의 물가고까지 가중되는 대한민국에서 살아가기란 예전처럼 만만치 않은 현실이 되었습니다. 그러다 보니 인생의 중반을 맞이한 40, 50대들에게 귀농이나 귀향 붐이 소리 없이 일고 있는 것 같습니다.

사실 우리 어머니, 아버지들 혹은 할아버지들은 도시 출신보다 농촌 출신이 더 많을 것입니다. 그분들이 낳은 자식들이 도회지에 나와서 한 세대를 지나는 동안 세상은 발전하고 현대화 되었지만, 자연이 주는 혜택과 그로 인한 삶의 풍성함은 사라진 지 오래입니다. 그래서일까요? 더 적극적으로 시골로, 지방으로 돌아가는 이들이 생기기 시작한 것 같습니다.

반농생활이 마음을 치유한다

패스트푸드를 먹고, 빨리 빨리를 외치며 일을 하고 새벽에 나가서 밤에 귀가하기는 어른이나 아이들이나 마찬가지인 사회 속에서 모두가 고달프게 살아가고 있습니다. 높은 물가로 더 비싸진 채소와 식품을 구입하기 위해서 돈도 더 벌어야 하니 건강은 엉망이 되고 마는 악순환이죠.

이럴 때 반농생활을 시작한다면 무엇이 달라질까요? 먼저, 땅을 밟고 흙을 만지는 생활은 각박해진 사람의 마음을 온화하게 바꿔줍니다. 좋은 공기와 햇볕을 쐬며 하는 적당한 노동은 주말에 도시에서, 혹은 방안에서만 하루종일 쉬는 것보다 더 큰 휴식과 재충전을 하게 합니다.

그리고 그렇게 키워낸 채소를 요리하다 보면, 몸에 나쁜 조미료를 넣지 않고도 음식 맛이 좋아지고, 입맛까지 살아나 그 음식을 섭취하고 나면 마음까지 치유됩니다.

실제로 텃밭 가꾸기나 주말농장을 하면서 도시생활에서 받은 상처가 치유되었다는 이야기는 밭에 나가보면 자주 들을 수 있습니다. 고된 조직생활과 회사 일이 주는 긴장감은 주말에 소파에 기대앉아 TV를 보는 것만으로는 결코 풀리지 않는 큰 스트레스이기 때문입니다.

텃밭에 나가 채소를 키우면 아무리 안달복달해도 채소는 스스로 자라고, 날씨와 하늘이 키워준다는 것을 새삼 깨닫게 됩니다. 때가 되면 싹이 나오고, 시간이 다 채워져야 수확을 할 수 있는 우주의 원리 같은 것을 말이지요. 또한 먹을 거리의 중요성에 대해서 삶의 커다란 일부분으로 깨닫게 되는 것. 그것이야 말로 반농생활이 주는 큰 수확이라고 생각합니다.

PART 5

다양한 채소판매법으로 연소득 1천만 원을 늘린다

채소라고 하면 먼저 몸에 좋은 비타민이 들어있다는 것을 연상하는 사람이 많을 것입니다. 비타민은 체내에서 만들지 못하므로, 비타민을 함유한 식품을 섭취하지 않으면 인체의 영양균형이 무너지게 됩니다. 그래서 사람은 늘 채소를 먹으며 살아가고 있습니다.

채소는 매일 먹는 식품입니다. 먹을 수 있는 상태이기만 하면 바로 식용되며, 살아있는 것이라 오랫동안 보존하는 것이 어렵습니다.

게다가 채소는 1개에 1천 원~2천 원 내외, 비싸도 보통 3천 원 이내로 가격이 쌉니다. 그렇기 때문에 어차피 사야만 하고 늘 사러 가야만 한다면, 눈앞에 보일 때 바로 사두는 편이 수고를 덜 수 있습니다. 이 말은 일부러 멀리 가서 살 필요가 없다는 뜻이지요. 게다가 식품을 사는 일, 장보기는 사람들에게 즐거운 경험이기도 합니다.

이와 같은 심리가 복합적으로 작용해 눈앞에 싱싱한 실물 채소가 있다면 좀 사두자는 생각이 들어 구입하는 사람이 의외로 많다는 이야기입니다.

더구나 현대사회는 식품에 대한 불신이 높아져만 갑니다. 그렇기 때문에 초보자인 여러분이 만든 채소라도 잘 팔립니다. 이익을 위해 대량생산하는 곳보다 좋아서 키운 소량의 채소가 더 순수하고 신선하다는 것을 잘 알고들 있고, 채소를 키운 당사자의 모습을 직접 보면 눈앞에 펼쳐진 채소에 믿음이 가기 때문입니다.

꼭 가게에 진열되어 있는 것처럼 깨끗한 채소가 아니라도 괜찮습니다. 고르지 못한 채소나 굽은 채소, 흙이 묻은 채소라도 좋다고 말해 주는 사람이 의외로 많으며, 오히려 그런 채소가 농약 없이 자랐다는 것을 알기 때문에 신선하고 안전하다고 생각합니다.

원래 초보 반농생활자인 농가에서는 한결 같이 알이 고른 규격품의 채소를 대량으로 키워 내는 것이 불가능합니다. 그렇지만 지인이나 친척, 동료들에게 '채소가 좀 많은데 살 생각 있어?' 라고 물어보면 처음에는 한 번이니까 공짜로 얻어먹더라도 꾸준히 공급할 수만 있다면 구입할 의사가 생기는 것입니다.

한편 낯선 손님 앞에서 채소를 펼쳐놓고 보여 주는 판매방식을 통해 얼굴을 아는 사람들을 만들어 가는 것도 판로를 넓히는 방법입니다. 처음에는 좀 창피하고 불안할지 모르지만, 마음을 먹고 팔러 나가 보면 새로운 세계가 펼쳐집니다.

손수 재배한 채소는 사람을 끌어모은다

채소를 한 번 먹고 맛있다고 생각하면 계속 사줄 가능성이 있는 팬이 생깁니다. 그러면 다음번에도 어차피 매일 구입해야 할 채소라면 여러분의 것을 기억해 사 주게 됩니다. 이때는 '상품으로서의 채소'의 특징이 유리하게 작용합니다. 상품으로서의 채소에는 다음과 같은 특성이 있기 때문입니다.

- 매일 먹어야 하고 장기보존이 어려워 늘 새로 사야만 한다.
- 채소가격은 1~3천 원대이므로 부담 없이 구입할 수 있다.
- 신선한 채소는 사는 것 그 자체가 즐겁다.

그리고 채소를 사서 맛있었다는 기억은 사는 것 그 자체가 즐겁다는 기분을 배가시키므로, 여러분의 채소를 한 번 맛보면 또 다시 먹고 싶다는 생각이 듭니다. 동시에 구매자 중에는 여러분의 얼굴과 맛있는 채소를 함께 기억해, 계속해서 채소를 구입하는 동안에 여러분을 만나게 되어 기쁘다는 마음마저 생길 것입니다.

이것은 과장된 이야기가 아닙니다. 순수한 맛을 그대로 간직한 채소를 매일 먹을 수 있다면 사람들의 일상도 빛이 나고 마음도 순해지기 때문입니다. 그렇게 한번 미각의 자극을 경험하고 손쉽게만 구입할 수 있으면 고정고객이 되고 싶어합니다. 그만큼 먹을 거리에 대한 불안이 팽배한 시대이기 때문입니다.

이와 같이 차츰 자신의 채소를 구입해 먹어 주는 사람들의 얼굴을 익히고 팬을 늘려 가면 판로가 확대될 수 있습니다. 각종 이벤트나 행사, 아파트 일일장터나 부녀회 모임 그리고 일정한 장소에서 계속해서 채소를 판매하면 진짜 손님들을 대면해서 팔게 되므로 단골손님도 늘어날 기회가 열립니다.

그리고 자신을 기억해 주는 사람이 있다는 것은 돈과는 별도로 무척 기쁜 일입니다. 그런 사람이 늘어가는 것도 인생에 있어서 퍽 즐거운 일이 아닐까요?

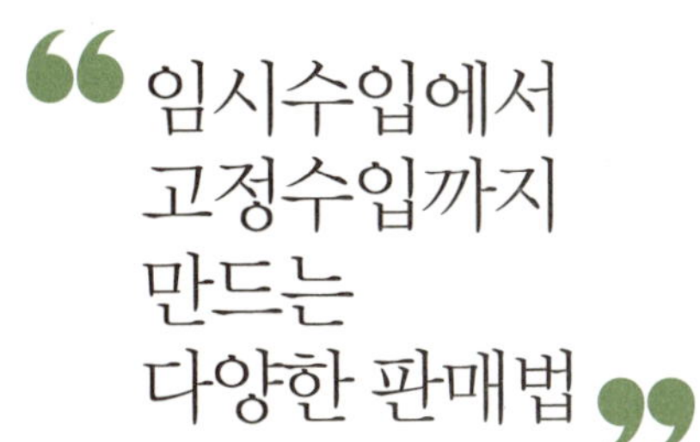

반농생활자의 채소 판매방법은 무척 다양합니다. 이를 통해 임시수입에서 안정된 수입까지, 다음과 같은 방법들을 이용해 부수입을 모을 수 있습니다.

1. 가까운 지인에게 판다　사소한 임시수입 정도만 원한다면, 가볍게 지인들에게 채소를 팔아봅시다. 주말농장에 나갔더니 채소가 생각보다 많이 수확되었을 경우, 지인들에게 '검정콩을 좀 많이 땄는데, 필요하면 조금 살래?' 등의 문자나 메일을 보내 보는 것도 좋습니다. 개중에는 신선한 채소라 '내가 그쪽으로 가지러 갈게, 기다려!' 라고 말해 주는 사람이 나올 수도 있습니다.

이와 같이 반농생활자가 키운 채소는 갓 수확하자마자 파는 것이므로, 평소 일부러 판매계획을 세울 필요도 없이 그때그때 손쉽게 팔 수 있습니다. 물론 지인이 음식점 등의 가게나 단체 등과 관련이 있어서, 그 가게나 단체를 소개해 준다면 더욱더 판매기회가 넓어지겠지요.

2. 아파트 단지의 일일장터 등의 이벤트 참가한다

적당한 용돈 징도의 수준까지 모으고 싶다면 이벤트 행사나 바자회 등에 참가해 볼 것을 권합니다. 공공기관이나 상점가, 여기 저기 아파트 부녀회 등에서 개최하는 이벤트는 의외로 많으니 주위를 잘 체크해 보세요. 참가할 마음만 생긴다면 매주라도 채소를 팔 장터는 얼마든지 있습니다.

대부분 바자회나 이벤트에 가져갈 한 번의 양에 따라 다르지만, 대개는 10만 원쯤은 벌 수 있을 것입니다. 게다가 다양한 사람을 만나면서 채소를 파는 것은 꽤 즐거운 경험이므로, '주말 채소가게'가 된 기분마저 들 것입니다.

이를 통해 자신의 얼굴을 기억해 주거나 그 후라도 식당을 거래처로 만들게 되면 안정적인 수입을 목표로 하는 사람에게도 큰 도움이 될 것입니다.

3. 블로그로 공지해 정점판매를 한다

임시수입이나 용돈을 버는 정도보다 좀 더 많이 벌고 싶은 사람에게 권하는 것이 '정점판매'입니다.

정점판매(定點販賣)란 간단하게 말하면 동네 공원이나 도로변의 사소한 공간 등이라도 일정한 장소에서 매주 정해진 시간에 채소를 팔러 나가는 방식입니다. 가령, 매주 같은 요일에 같은 장소에서 채소를 팔면 그것이 여러분의 '정점'이 되는 것입니다.

토, 일요일 2일간을 반농생활에 쓸 수 있다면, 토요일에는 채소밭 관리나 수확, 일요일에는 판매를 나가면 됩니다.

정점판매와 함께 해서 더 큰 효과를 내는 것이 인터넷 블로그나 미니홈피, SNS(소셜 네트워크 서비스)인 트위터 등을 활용하는 것입니다. 사전에 블로그 등을 통해 '오늘, 몇시부터 어느 장소에서 판매합니다' '오늘 판매할 신선채소는 무, 당근, 시금치 등입니다' 라는 식으로 글을 올려두고 사람들에게 알리면, 채소가 꼭 필요한 사람들은 사러 모여들 것입니다.

4. 인적 네트워크를 활용한다　　그 이후로도 지속적이고 안정된 매상을 원한다면 채소를 팔 거래처를 다양하게 늘릴 필요가 있습니다. 이 경우에 도움이 되는 것이 책 앞부분에서 언급한 인적 네트워크입니다. 이를 위해서는 지인을 통해서 다양한 가게나 단체 사람들과 관계를 맺는 방법도 있을 것이고, 영업적인 노력을 해서 채소 판매망을 확대해 가는 방법도 있습니다.

다른 사람에서 또 다른 사람에게로 고구마 덩굴처럼 연달아 판매망이 확대되어 가면, 머지 않아 '프로 농업의 길'도 보일 수 있습니다.

채소 거래처는 의외로 많다

정작 농촌에서 오랫동안 사신 분들은 거래처 늘리기를 어렵게 생각할 수 있지만, 초보 농사꾼이 반농생활로 재배한 채소라도 거래처는 의외로 많은 법입니다. 많은 양의 채소를 들여놓고(도매) 되팔고 싶다거나 매입을 하고 싶다는 가게나 단체는 여러분이 생각하는 이상으로 존재하기 때문입니다.

그들은 전문 식품유통이나 판매업이 아니라 말하자면 초보 채소상인의 가게나 단체입니다. 초보 농사꾼과 초보 채소상인, 서로 초보라는 것만으로도 친해지기 쉬울지도 모릅니다. 예를 들면 다음과 같은 곳이 채소 판매처가 될 수 있습니다.

1. 점포에 도매로 팔기　　최근 일본에서는 인테리어 숍 등 다양한 가게에서 쌀이나 채소를 파는 곳이 생겨나고 있습니다. 제 경험인데 다이빙 숍에서 채소를 팔아 보고 싶다는 사람도 있었습니다. 어떤 곳이건 점포의 상품으로서 '왠지 채소를 한번 팔아 보고 싶다'는 느낌 같습니다. 이와 같이 채소를 제대로 된 상품으로 인식해 취급하고 싶어하는 점포는 적당한 마진을 지불하면, 여러분의 채소를 대신 팔아줄 거래처가 되어줄 수도 있습니다.

2. 모임이나 단체 등에 도매로 팔기　　요즘은 복지나 환경문제에 관한 단체를 비롯해, 도예, 음악, 밴드 등 취미 동호회 등이 한창 유행하고 있습니다. 20만 명의 도시라면 2,000개의 단체가 있다는 설도 있을 정도입니다. 이런 단체나 취미 동호회에 활동비 모금을 위해서 채소를 팔아보자고 권해 보면 환영받는 경우가 많습니다.

채소는 매일 먹는 것이기 때문에 단체나 그룹이 주최하는 일일주점에서 술을 마셔주는 것보다, 바자회 등에서 쿠키 등을 구워서 팔거나 하는 것보다도 더 잘 팔리고, 모임의 회원들 자신이 정말 필요로 해서 사는 일도 많기 때문입니다. 점포와 마찬가지로 일정하게 마진을 지불하면 좋을 것입니다.

3. 식당에 도매로 판매한다　　이상과 같은 '초보 채소상인'의 활동에 더해, 쉽지는 않겠지만 레스토랑이나 식당 등 음식점에 채소를 판매하는 방법도 있습니다. 이벤트나 바자회, 직거래 장터 등에서 만난 식당 관계자들과 얼굴을 익혀두었다가 여러분의 채소를 마음에 들어하면 기회가 찾아올 수도 있습니다.

그리고 음식점의 경우, 채소를 도매로 팔면 일정량의 수확과 공급이 꾸준히 요구되는데, 그 덕분에 안정적인 수입을 확보하게 되는 고마운 거래처가 될 것입니다.

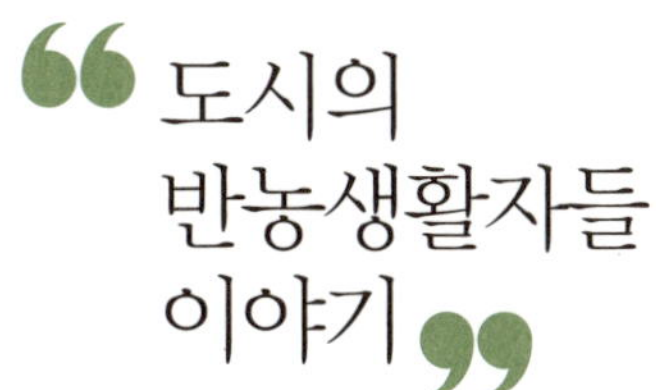

사실 한국에서도 이미 반농생활을 하고 있는 사람들이 많습니다. 자급자족에 그치지 않고 나눠먹고도 남아 이웃에게 값싸게 공급하기 시작하면서, 반농생활의 즐거움을 스스로 깨우친 사람들입니다. 화초 키우기처럼 혼자 느끼는 즐거움으로 끝나는 것이 아니라 나눠 주는 기쁨과 함께 먹는 즐거움으로 확대된 반농생활이 자신들의 삶을 바꾼 이야기들을 소개해 봅니다. 이를 통해 여러분들도 이 책을 덮을 때쯤이면 새로운 시도를 해 볼 수 있는 용기를 얻기를 바랍니다.

1. 공터를 이용한 키친 가든　서울의 외곽, 끄트머리 동네에서 아파트가 아닌 연립주택에 살고 있습니다. 도심처럼 택지나 도로 등의 구획이 반듯반듯하게 조성되지 않은 관계로 집 근처에 자투리 공터가 조금씩 있는 편입니다. 이곳으로 이사 와서 동네 분위기를 익혀 갈 때쯤, 마을의 작은 공터 한 곳이 눈에 띄었습니다. 새로 건물이 들어서기엔 애매한 8평 이내의 크기라 땅주인도 그냥 내버려둔 분위기였죠. 여름이면 잡초가 제멋대로 무성해지는데, 간혹 야생화 꽃씨라도 날아와 심어졌는지 이름 모를 꽃이 피기도 하길래 땅의 힘은 괜찮은가보다 했는데요.

동네 반상회에서 우연히 그 땅의 소유자인 어르신과 알게 되고 차츰 친해지면서, 별 계획도 없는 자투리 땅이니 저에게 채마밭으로 쓰라고 흔쾌히 허락을 해주셔서 2009년 봄부터 채소를 키우기 시작했습니다.

그런데, 첫해엔 누구나 쉽게 시작하는 상추, 부추 등을 심어봤는데 이게 너무 잘 자라는 거예요. 그래서 처음엔 4평 조금 넘게 키우다가 이듬해부터 이것저것 계절별로 다양한 채소를 심게 되어 8평을 꽉 채우게 되었는데요. 어느새 땅주인 어르신 댁이나 이웃들과도 나눠먹고도 남을 정도로 채소가 넘쳐날 지경에 이르렀습니다. 일부러 공부를 한 것도 아니고, 그냥 재미 삼아 시작한 일이었는데 말이지요.

처음에는 중학교에 막 입학한 아들 녀석이 저를 보고, 돈도 안 되는 값싼 채소들만 키운다고 타박을 했었죠. 채소 키우기에 재미가 들려서 채마밭에 자주 나가는 엄마를 보고 좀 웃겼었나 봅니다. 헌데, 2010년 봄에 상추값이 고기값만큼 폭등해 삼겹살집에서도 상추 보기가 하늘에 별 따기일 정도에 이르렀죠. 그 이후 아들도 엄마를 다르게 보기 시작하는 거였어요. 그때쯤엔 상추만이 아니라 어설프나마 배추나 무도 심고 그랬거든요. 남편도 생활비 절약에 도움이 되니 은근히 좋아하더라고요. 그런데, 8평 정도로 키우는 규모가 커지니까 3인 가족인 저희가 먹고 이웃에게 나눠줘도 좀 넘칠 정도로 채소들이 아주 잘 자라더라고요. 가끔은 귀찮아서 잎채소들을 수확하지 않고 놔두면 그대로 말라버려, 내심 죄책감도 들길래 이걸 어떻게 할까 고민하기 시작했습니다.

그러던 어느 날, 예전에 동네 십자수 가게에 가끔씩 들러 십자수 놓는 취미가 있었는데, 그곳에 모이는 이웃 주부들에게 말했더니 그럼, 자기네에게 팔아보라고 하는 것 아니겠어요? 처음엔 맛보기 정도라 공짜로 얻어먹었지만, 반값 정도라도 사례를 하면서 싸게 얻어먹고 싶다고요.

왜냐하면 한번 먹어 보니 시장이나 마트에서 사먹는 것보다 모양은 좀 떨어져도 무척 맛이 있었다는 거예요. 가령 대파만 해도 알알한 맛과 향이 잘 살아있어서, 라면에만 넣어 먹어도 느끼함이 확 사라질 정도로 맛있었다는 거죠. 요즘에는 상추를 사려 해도 1천 원 가지고는 어림도 없는 시절이 되었는데, 그 정도 값만 받아도 2배의 양을 받을 수 있으니, 공짜로 먹는 미안함까지 없앨 수 있어 이웃 주부들이 너무너무 좋아해 줍니다. 저도 잘 자라는 채소들을 방치하지 않고 열심히 수확하는 기쁨이 더해져, 일 같지 않고 더 신나게 관리해 주게 되어서 마음까지 흐뭇하니 하루하루가 더 건강해지는 기분이 듭니다.

2. 베란다 이용한 특수 채소 키우기　도심의 아파트에 사는 신혼의 주부입니다. 처음에 이사 와서는 햇볕이 잘 드는 베란다라서 빨래 잘 마르는 것만 좋아하다가 선물로 들어온 화분이 잘 자라는 것을 보고, 베란다 채소밭을 만들어 보자고 마음먹게 되었습니다. 마침 그 무렵 홈베이킹 취미를 가지게 된 터라 빵과 관련된 채소가 뭐 없을까 생각했습니다.

이탈리안 레스토랑에 가면 샐러드나 피자, 스파게티와 함께 잘 나오는 바질과 루꼴라 등이 그때 생각났죠. 이 채소들은 근처 마트나 시장에선 구하기 어려운 것들이라 대형마트를 찾거나 전문화된 식품점을 찾아야 하는 번거로움이 있잖아요. 막상 사려면 아주 비싸고, 그래봤자 신선한 것도 아닌 현실이고요.

그래서 키우게 된 것들이 요리용 허브들입니다. 다양한 요리에 사용되는 스위트바질, 토마토와 잘 어울리는 오레가노, 요모조모 쓸모가 많은 파슬리, 요리와 차로도 마시는 로즈마리, 마음까지 치유해주는 라벤더, 향이 좋은 캐모마일, 샐러드를 고급스럽게 만드는 루꼴라와 향이 독특한 코리앤더(고수)까지.

원래는 요리를 잘 못하고, 좋아하지도 않았는데 홈베이킹을 시작하면서 조금씩 자신이 붙었던 음식 만들기. 베란다에서 따서 바로 요리할 수 있는 허브들 때문에 도전해 보는 요리들도 많아져서 요리에 대한 두려움도 사라졌고, 다국적 요리들을 해볼 수 있어서 좋았습니다.

오늘은 무엇을 먹을까 하고 메뉴를 짜는 것이 아니라 그때그때 계절별로 수확되는 이 채소들에 맞춰서 음식을 만들게 되니 저절로 제철에 맞는 요리가 나오고, 그게 또 가족을 건강하게 만드는 것 같습니다.

저희 아파트 부녀회는 다양한 활동을 활발히 하는 편인데요. 농가들과 직거래를 통해 주기적으로 단지 내에서 장터를 열기도 하는데, 이 책에서 권하는 것처럼 그곳에 제가 키운 특수 채소들을 가지고 나가 보면 어떨까 하는 생각이 들었습니다. 젊은 엄마들은 아이들의 건강한 간식에도 신경을 많이 쓰고, 다양한 외식문화를 접해서 저처럼 요리를 즐기게 된 분들이라면 제가 키우는 허브류에도 관심이 있을 것 같거든요. 그리고 제 이웃 젊은 엄마들도 적극 권해 주셨고요.

일단 그에 앞서서 과연 반응이 있을까 싶어서 아파트 입주민들의 홈페이지 게시판에 제 생각을 올려봤습니다. 아파트 단지가 크고 주변에 초등학교도 있는 터라 저와 같은 생각을 가진 엄마들이 의외로 좀 있었습니다. 그래서 좀 더 많이 수확할 수 있게 되면, 당장 큰돈을 벌지는 못하더라도 제가 키운 것을 장터에 내놓을 예정이에요. 모르는 누군가가 제 베란다 채소밭의 수확물들을 사 주면 무척 기쁠 것 같습니다. 그것을 염두에 두고 더 건강하고 예쁘게 채소를 키우게 될 것 같고요.

3. 귀농 예비단계로 공부 중인 텃밭 가꾸기　인생의 반을 훌쩍 넘은 나이라 큰 고민 끝에 오랜 도시생활을 정리하고 귀향하기로 아내와 결정했습니다. 50대 후반으로 향하는 나이에 새로운 것을 도전하기가 쉽지 않은데, 귀농 역시 인생의 크나큰 도전입니다. 그래서 더욱더 용기를 내고 나 자신이 잘 해나갈 수 있을지 없을지를 확인하기 위해 아내와 함께 주말농장을 얻어 채소를 키우기 시작했습니다.

귀농은 준비를 많이 할수록 그 마음가짐이 달라질 것이고, 성공적으로 정착할 수 있을 것이므로 우리 부부에게 정말 맞을지 어떨지 몰라 선택한 예비단계였지요.

그런데, 텃밭을 가꾸면서 가장 먼저 얻은 것은 채소 수확물만이 아니라 건강이었습니다. 주말에만 꼬박꼬박 나갔을 뿐인데도 몸이 좋아지는 것을 느꼈으니까요. 오랫동안 책상에 앉아서 컴퓨터만 바라보고 일을 했기에, 그동안 쓰지 않은 몸의 부분들을 사용하는 것이 아마도 몸에는 좋았던 것 같습니다.

물론 처음에는 맘처럼 몸이 잘 안 따라주어 조금 힘들었던 것도 사실입니다. 주말농장은 채소를 키우는 일 자체가 힘든 게 아니라 내 몸이 그 일에 익숙하지 않은 데다 나이도 있으니 새로운 것을 몸이 받아들이는 데도 시간이 좀 필요했던 것 같습니다.

회사 일을 하면서 운동을 위해 헬스클럽에 나가던 시절도 있었지만, 겨우 주말에만 나가서 하는 텃밭 일이 일부러 하는 운동보다 몸에 좋았던지, 체지방이 서서히 줄어들기 시작했고 고혈압이 정상으로 돌아왔습니다. 그리고 오랫동안 사회생활을 하느라 평생의 반려자인 아내와 깊은 대화를 나누지 못하고 살았던 안타까움을, 함께 텃밭 일을 하면서 만회하는 기쁨도 누리고 있습니다.

그런 결과로 볼 때, 귀농 후에도 실패하지 않을 수 있다는 자신감이 조금씩 자라나고 있습니다. 처음부터 농촌에서만 자랐다면, 농가로 살았다면 몰랐을 기쁨을 도시생활에 지쳐서 깨닫게 되었다는 것이 아이러니하지만 그래도 좋습니다. 경쟁에서 벗어나 진짜 자신으로 돌아갈 수 있는 귀농. 그리고 그것을 준비하기 위한 텃밭 가꾸기는 그래서, 수확의 기쁨 이상으로 큰 인생의 의미를 깨닫게 하고 있습니다. 그렇게 잘 준비해서 귀농을 하게 되면 또, 사회생활로 체득한 다양한 경험들을 농사일에도 접목할 수 있을 것 같습니다.

이제 다음 단계는 이 채소들을 어떻게 팔 것인가인데, 이 책에서 가르쳐 주는 것처럼 다각도로 판로를 개척하고, 시험해 보는 일들도 귀농 전에 해볼 만한 경험 같습니다. 농사를 잘 하시는 분들은 많지만, 농촌의 고령화로 판로개척에 힘들어 하는 분들의 이야기를 많이 접하니까요. 그러니, 주말농장에서 얻은 기쁨은 겨우 첫 단추를 채운 것이고 이제부터가 시작인 것 같습니다.

더욱더 계획적으로 반농생활을 하고 그것을 팔아보는 경험 역시 미리 해보면 정작 귀농했을 때 큰 도움이 될 것 같습니다. 그것들이 이어져 제가 귀농한 다음에 만들어내는 수확물들을 지속적으로 팔 수 있는 고정판로가 되어줄 수도 있을 것이고요.

그러므로 지금부터의 사회생활은 그것들을 위한 인적 네트워크 만들기가 될 것 같습니다.

성공을 위해 승진을 위해만 달려가는 이기적인 인맥 만들기가 아니라, 건강한 농산물을 함께 소비하고 건강한 수익을 얻기 위해 더욱더 좋은 사람들을 만나고 싶은 꿈을 품게 되었습니다.

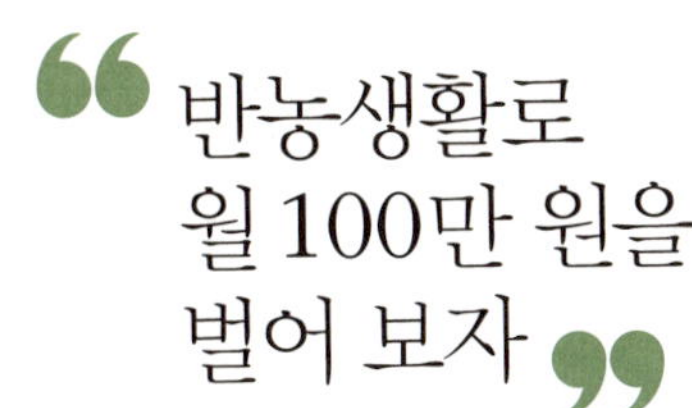

반농생활로 월 100만 원을 벌어 보자

채소를 파는 일은 여러분 뿐만 아니라 협력해 주는 사람에게 있어서도 즐거운 일입니다. 왜냐하면 맛있는 채소를 사는 일은 즐거운 일이라 손님은 맛있는 채소를 파는 사람의 팬이 되기 때문입니다. 팬이 늘어나는 것처럼 적당한 상품 아이템으로서 채소를 추가하려는 가게가 나타날 수도 있습니다.

손님의 기쁜 얼굴을 보는 것이 가능하고, 자신의 팬이 되어주는 사람이 늘어나며, 채소가 가진 독특한 상품특성이 채소를 파는 일도 즐겁게 합니다. 일단 수확량이 많아지면 파는 일을 해보고 싶다든가, 도와주고 싶다는 사람이 적지 않아서 협력을 요청하는 사람들도 늘어납니다.

그중에서도 중요한 사람들은 스스로 의욕을 가지고 자신의 힘으로 움직이는 사람들입니다. 처음에는 반농생활을 하는 이쪽에서 부탁해 채소를 팔았지만, 반복되는 동안에 파는 일의 즐거움을 알게 되면 그 사람에게 '다음에는 이런 것을 해보고 싶다' 라든가 '이런 것이 가능하지 않을까' 등 판매에 대해 적극적으로 제안해 주기도 하는 사람들입니다.

이와 같이 스스로 움직여주는 핵심적인 사람을 늘려 가면 여러분의 반농생활은 생각지도 못한 전개를 맞이할 수도 있습니다.

채소의 판매를 통해 사람을 사귀기 시작하면 다른 사람의 새로운 면이나 가능성이 보일 때가 있습니다. 식품은 기본적인 그 니즈(needs)만으로도 음식에 관련된 분야라 이를 매개로 사람들을 사귀어 가면 보통 때는 알지 못했던 다양하고 좋은 면이 나타날 때가 있기 때문입니다.

가령 전혀 기대하지 않았던 사람이 적극적으로 움직여 준다든가, 의외의 재능을 발휘해 줄 때도 있습니다. 또 자기 자신에 대해서도 새로 알아갑니다. 채소를 팔기 전까지는 몰랐던 새로운 가능성이 자기 안에 있던 것을 깨닫게 되는 것이지요. 채소의 판매는 다양한 의미에서 사람을 알고, 사람을 움직이는 기회를 여러분에게 줄 것입니다.

협력자가 모이면 판매망을 넓히기 쉽다

채소를 파는 협력자 중에서 도움이 되는 사람이나 본인의 의지로 활동해 주는 사람, 그런 사람들을 키퍼슨(Key Person, 중요인물)이라고 합니다. 채소판매로 돈을 모으기 위해서는 바로 이 키퍼슨을 붙잡는 것이 가장 중요합니다. 키퍼슨은 여러분 대신에 채소를 팔아주는 사람, 즉 부업 면에서 보면 동료입니다. 키퍼슨인 협력자에게 도움을 받으면, 채소판로가 넓어져 매출이 늘어납니다.

그것뿐만이 아닙니다. 키퍼슨은 채소를 사주는 손님을 접하는 창구가 되기도 하고, 영업맨이기도 하며, 또 클레임이 발생했을 때는 대처해 주는 고마운 존재이기도 합니다.

채소를 구입하는 손님과 여러분 사이에 키퍼슨이 중재자로 개입되어 있어서, 여러분 자신이 클레임에 휘둘리지 않고 문제를 해결할 수 있는데다가 손님 쪽에서도 여러 가지 주문을 편하게 할 수 있습니다. 채소를 구입해 먹는 손님과 키퍼슨의 관계는 가령 인테리어 숍의 손님과 점포의 직원, 자선단체의 멤버와 리더의 관계처럼 어떻게 보면 '동지'와 비슷합니다.

어려운 사정이나 요청사항들은 사실 말하는 쪽에도 늘 불쾌한 에너지를 요구하는데, 동료나 동지라면 그런 말을 할 때도 좀더 평소에 하는 식으로 마음 편하게 전할 수 있습니다. 고충이나 요청사항을 들은 키퍼슨은 동료의 감정을 적당히 진정시켜 주면서, 그 후에 여러분에게 '이런 일이 있었다' 고 가르쳐 주기도 합니다. 실제로 저도 그런 일이 몇 번 있었습니다. 이와 같이 키퍼슨에게 의탁한 니즈나 클레임에 귀 기울여 서비스를 개선해 나가면 채소의 판매매출도 올라가게 될 것입니다.

Tip

인터넷 판매는 하지 않는 것이 좋다!

반농생활로 부수입을 얻기 위한 채소 판매법을 고려할 때, 절대라고 해도 좋을 만큼 피해야 할 것이 바로 '인터넷을 통한 판매' 다. 인터넷 판매에서는 대면판매의 장점이었던 채소의 상품특성이 반대로 작용하기 때문이다. 채소는 생물이라서 보존이 쉽지 않은 식품이다. 재고를 쌓아두기도 어렵고 주문메일이 왔다고 그날 안에 발송하는 일도 반농생활로는 어렵다. 게다가 상대의 자택에 우편물이 도착할 때, 부재중이라면 반송되기도 하는데 그때 채소가 못 쓰게 되는 일도 생길 것이다. 또 인터넷 상에서는 모두가 평등한 것도 여러분들에게는 불리하게 작용한다.

하루 종일 충실하게 관리하는 인터넷 쇼핑몰 회사의 서비스에 익숙해져 있는 소비자는 여러분의 사이트도 대기업의 사이트처럼 생각하고 같은 수준의 서비스를 요구하기 때문이다. 그렇게 되면 '부업으로 하고 있으니까' 라든가 '개인의 취미이기 때문에' 등의 변명은 통하지 않는다. 그래서 만약 굉장한 클레임이 들어오면 대응하느라 휘둘리게 되고 본업에도 나쁜 영향을 줄 위험도 있다.

이와 같이 인터넷 판매는 불특정 다수를 상대로 하기 때문에 품질에 대한 책임을 가지는 것이 어려운 반농생활의 아마추어 농사꾼에게는 맞지 않는다. 반농생활의 아마추어 농사꾼에게는 초보 상인의 한계를 잘 이해해 주는 사람에게 파는 것이 원칙이다. 따라서 얼굴을 보며 상대방을 이해할 수 있는 '대면판매' 나 '도매판매' 로 한정해서 파는 쪽이 훨씬 좋다. 채소판매를 통해 만들어진 인적 네트워크는 스스로 만들어낸 '안전한 인맥' 이다. 그러므로 늘 관계된 사람들에게 감사의 마음으로 판매하는 것이 좋다.

수입 면에서 월 100만 원을 더 벌려면 어느 정도의 힘이 들까요? 직장에서 연봉을 올리는 측면에서 보면 무척 어려운 일을 해내야 하고, 그에 상응한 시간과 노력으로 채워나가야 할 것입니다. 그렇지만 반농생활로 월 100만 원 정도를 모으는 것은 실제로 그만큼 어려운 일은 아닙니다. 원칙적으로 5개의 판매스폿만 확보하면 되기 때문입니다.

여기서 말하는 판매스폿이란 대면판매에서의 판매장소나 키퍼슨, 거래처인 점포나 회사, 그룹 등을 말합니다. 간단하게 말하면 채소를 사주는 사람이 10명 이상 모이는 곳이 1개의 판매스폿입니다.

가령 10명의 사람이 1개당 1천 원짜리 채소를 10개 사 주었다면, 객 단가가 1만 원이 되기 때문에 매상은 합계 10만 원이 됩니다. 10만 원을 벌 수 있는 5개의 판매스폿에서 매주 채소를 판다면(총 4회) 월 약 200만 원의 매상이 나오기 때문에, 연간 약 2,500만 원의 매출을 달성할 수 있습니다.

연간 2,500만 원 정도의 채소는 사방 20~30m(약 1,000m², 300평 내외) 넓이의 밭에 폭 1m로 길이 10m 정도의 두둑을 80개 만들어서, 그것을 연간 2~3회 회전시키면 수확할 수 있는 양입니다.

그렇게 하면 뒤에 서술하는 협력자들에게 지불하는 마진이나 채소재배 경비를 차감하더라도 1,000만 원 이상의 이익이 수중에 남게 되는 것입니다. 이 금액은 한 달로 치면 대략 100만 원 정도의 부수입입니다.

요즘 같은 불황 속에서 100만 원의 부수입은 굉장히 고마운 것입니다. 저도 채소를 팔아 모은 부수입으로 꽤 도움을 받았던 적이 있습니다. 채소를 사고 싶거나 팔고 싶은 사람은 어디나 의외로 많으므로, 판매스폿이 되는 곳은 잠재적으로는 꽤 됩니다.

인간관계를 제대로 하면서 착실하게 영업적인 노력을 해나가면 판매장소나 키퍼슨, 점포, 회사 등의 그룹 등을 개척하는 것은 생각보다 어려운 일은 아닙니다. 직장을 다니면서 그곳의 월급을 100만 원 높이는 일보다 오히려 쉽다고 생각합니다. 적어도 5~10개의 판매스폿은 큰 벽에 부닥치지 않고도 열심히 하면 찾아낼 수 있으니까요.

인터넷 공지로 정점판매를 하면 고정고객을 늘릴 수 있다

이제 어떻게 하면 채소판매 스폿을 만들어갈 수 있는지 설명합니다. 첫 번째는 인터넷을 통한 '정점판매' 방법으로, 단골손님이나 고정고객을 늘리는 데 유력한 수단입니다. 구체적으로는 미리 블로그를 통해 판매일시나 장소 등을 고지해 두고, 단골손님이나 고정적인 사람들을 모아서 제각기 채소를 파는, 즉 인터넷 툴을 이용한 정점판매 방법입니다.

우선 고지를 위해서 미리 블로그를 개설해 둡니다. 그런 후 어딘가에서(오프라인) 정점판매를 시작하고 채소를 사주는 사람에게 그때그때 블로그 주소를 쓴 광고지를 전달해, 그 블로그에서 다음 번 파는 날짜를 알려주면 고지하기 쉽습니다.

전단지에는 블로그 주소뿐만 아니라 판매자의 휴대전화 번호도 크게 써두면 좋습니다. 이와 같이 될 수 있는 한 같은 장소에서 같은 요일, 같은 시각에 꾸준히 팔아 보면 입소문도 퍼져 가면서 단골손님의 수가 확실하게 늘어갈 것입니다.

블로그는 '언제' '어디서' '어떤 채소'를 팔 것인가를 단골들에게 사전에 알려줄 때도 도움이 됩니다. 게다가 블로그에는 이전의 정점판매 기록도 남아있으므로, 복수의 장소에서 정점판매를 할 때는 A스폿의 단골들에게 'B스폿에서도 하고 있어요' 라고 알릴 수도 있어서 도움이 됩니다. A스폿에서 미처 구입하지 못한 손님이 B, C스폿에서 구매할 수도 있으니까요.

이렇게 모은 단골손님들에게 당일 사고 싶은 채소를 사전에 알려달라고 해두면, 장사 면에서도 안정을 얻어갈 수 있습니다. 또 블로그에 다양한 메뉴를 마련해 가령 '공지사항' '주문할 채소' 등의 난이 있으면 단골들이 원하는 주문도 사전에 받을 수 있게 됩니다.

휴대전화를 활용하는 일도 잊지 말도록 합시다. 가령 채소밭에서 찍은 사진을 그 자리에서 블로그나 트위터에 업로드하고, '오늘 이 채소를 가지고 나갑니다' 라고 적으면 필요로 하는 손님들도 바로 신청할 수 있게 됩니다. 신청내용을 채소밭에서 바로 체크하면서 수확하는 '즉응성'은 손님들로서도 무척 기쁘고 편리한 일입니다.

꾸준히 잘 팔리는 장소를 찾자

정점판매를 통해 안정적으로 채소를 팔기 위해서는 '언제, 어디서 팔면 좋을까' 즉, 판매장소의 설정이 열쇠입니다. 일본에서는 자주 볼 수 있는 풍경으로 흔히 농가 사람들이 트럭에 채소를 싣고 직접 팔러 나오는데, 그런 농가 사람들은 잘 팔리는 장소를 잘 파악하고 있는 것 같습니다. 좋은 판매장소란 사람이 모여서 커뮤니티가 성립되는 곳인가, 성립할 만한 곳인가에 달렸습니다.

시험 삼아 어딘가 아무 장소나 잡아서 팔아 보고, 채소를 사 가는 사람이 '언제나 이곳에서 파나요?' 라고 물어봐 준다면 그 사람은 고정손님이 되어줄 가능성이 높습니다. 그런 사람이 많은 곳을 판매장소로 선정해 나가도록 하는 것입니다.

제 경험에서 보면 판매장소가 될 수 있는 곳은 아파트나 빌라가 많은 동네보다도 단독주택 위주의 주택가였습니다. 마트나 시장이 먼데다 집에서 지내는 전업주부나 고령자 분들이 살고 있어서, 하루종일 채소를 사러 나와 주는 일이 많았기 때문입니다. 또 가까운 절이나 교회, 마을 공원, 산책길도 고령자 손님들의 산책코스가 되기도 해서 추천할 만합니다.

그리고 주택가 속에 있는 도서관 근방에서는 취학 전의 어린이들을 데리고 나오는 어머니들이 그림책을 빌리러 들리면서 사 주는 적도 많았습니다. 빌딩가나 대학 주변 등에서도 의외로 팔렸습니다. 학생식당의 직원들이 인터넷이나 블로그 등에 고지한 것을 보고 사러 나와 주기도 했고, 자취를 하는 학생들이 하교 때 사 주기도 했습니다.

시험 삼아 다양한 장소나 요일, 시간을 바꿔가며 팔아 보면 의외의 장소가 판매장소가 된다는 것을 깨닫게 되기도 합니다. 그렇기 때문에 처음 몇 번은 장소나 시간을 바꿔서 판매하기도 하고, 유력 후보지를 자신의 정점판매 장소로 일단 정해 놓아도 좋습니다.

그런 다음 때때로 정점장소와는 다른 장소에서 팔아 보고, 더 잘 팔릴 것 같은 장소로 정점장소를 이동해 가면 점차 매출이 높아져 갑니다.

이와 같이 정점판매를 통해 직접 계속 팔다 보면, 저도 그랬지만 어느날 갑자기 도매로 팔 수 있는 '거래처'가 발견되기도 합니다.

66 역산지직송으로 판매망을 넓힌다 99

점포나 각종 단체, 취미 동호회, 그리고 음식점 등에 채소를 판매하러 가는 것은 '사람이 모여 있는 곳에 채소를 보낸다' 는 것을 의미합니다. 저는 그것을 '역산지직송(逆産地直送) 판매법' 이라고 부릅니다.

대규모 채소택배나 산지판매는 '산지직송 운동' 에서 비롯되었습니다. 원래 일본의 산지직송 운동은 유기농업 생산자를 지원하기 위해 생산자 주변에 소비자가 모이는 형태로 시작했습니다. 그 후, 다수의 소비자를 조직하기 위해 생활협동조합(생협)이나 산지직송 유통조직이 생산자와 소비자 사이를 중개하게 되었고, 그러한 중간조직이 채소의 산지직송 판매를 시작해, 이를 본따 슈퍼마켓이나 기업이 나중에 참여하게 된 것입니다.

결국 '산지직송' 은 생산자나 조직이 사람을 모은다는 뜻인데, '역산지직송 판매법' 은 이미 사람이 모여있는 장소를 이용하는 사고방식입니다.

역산지직송은 간단하게 말하면 '채소의 도매판매' 입니다. 예를 들어 점포나 각종 단체, 취미 동호회 등 어딘가 사람이 모여 있는 장소에 채소를 보내서, 거기에 있는 사람들끼리 채소를 나눠서 사게 하는 것도 하나의 방법입니다.

이와 같이 해서 도매처를 늘려 가면, 혼자서 직접 판매하는 것보다도 큰 매상을 기대할 수 있습니다. 게다가 채소를 거래처에 한꺼번에 발송하면 거래처인 그쪽 사람들이 알아서 회원들에게 나눠서 보내주므로, 여러분의 수고도 크게 덜 수 있습니다.

역산지직송 판매로 거래처를 늘리려면 '인적 네트워크'가 필요합니다. 그래서 지인을 거쳐 다른 사람을 소개받는다든가 채소를 직접 판매하고 있던 사람에게 거래처가 되어달라던가, 협력자를 찾아내도록 해야 합니다.

그렇게 해서 복수의 거래처가 개척된다면 한 사람에서 다른 사람에게로 전파되어, 일반 거래처 한 사람에서 점포나 단체로, 줄줄이 네트워크가 넓혀져 거래처가 눈처럼 불어날 가능성도 있습니다.

그렇게 역산지직송 거래처를 늘려가는 방법이라면 주말에만 일하는 부업으로도 5~10개의 판매스폿 확보가 가능해질 것입니다. 매월 안정적인 부수입을 얻는 부업을 지향한다면 인적 네트워크를 살리는 '역산지직송 방식'을 추진해 볼 것을 권합니다.

판매망을 넓히기 위한 마진 설정

역산지직송 거래처를 늘릴 때 중요한 것은 '마진의 설정'입니다. 상대에 따라 다르겠지만 마진은 매상의 10~30% 정도로 설정하면 좋습니다. 여러분이 5개의 거래처에서 월 100만 원의 수입을 얻고 있다고 치면, 1개의 거래처당 월 2만 원~6만 원이 마진에 해당합니다. 보통은 한 곳당 2~3만 원 정도를 파는 일도 많을 것입니다.

따라서 마진으로 얻어지는 금액은 사실 상대의 생활을 유지시켜 줄 정도는 아닙니다. 그래도 돈이라는 것은 묘해서 마진을 설정해 두면 거래처가 되어달라든가 거래처를 소개해 달라고 할 때 의뢰가 쉬워집니다.

또 각종 단체나 취미 동호회 등의 경우에는 월 2만 원~3만 원의 수입은 그 단체나 동호회에서 보면 귀중한 활동비가 됩니다. 게다가 모임의 운영자들은 채소를 취급하면서, 주변 사람들과 커뮤니케이션에 도움이 되므로 환영하는 편입니다.

주변 사람들에게도 채소는 어차피 매일 사야 하는 것인데, 사면서 그 단체에 도움까지 된다면 일부러라도 사 주게 되기 때문입니다. 그밖에도 회사나 공제조직, 조합도 거래처가 되어 줄 가능성이 있습니다.

조합 차원에서도 우리 농산물을 지키는 활동에 공헌하는 것이라 어필도 되고, 조합원인 직원들에게도 채소는 쉽게 환영받습니다. 점포의 경우라면 역시 점포와 손님의 커뮤니케이션에 도움이 됩니다. 여러분 자신이 돈을 벌고 싶어서만이 아니라 채소를 파는 일은 상대에게도 도움이 되는 기분 좋은 일이라 판매망 확대로 연결됩니다. 마진의 설정은 그렇기 때문에 비즈니스에 중요한 기본이라고 할 수 있습니다.

수확, 출하, 조정 등의 주변작업을 최소화한다

반농생활로 농업을 계속해 가기 위해서는 수확, 출하, 조정 등의 주변작업은 될 수 있는 한 줄일 필요가 있습니다. 조정이란 채소에 묻은 진흙을 털거나 깨끗하게 씻거나 봉투에 넣는 등의 작업을 말합니다.

채소를 키우는 농작업으로 토요일을 다 사용하는데다가 다른 하루도 출하나 조정, 판매를 위해 사용하게 되면 주말에 몸을 쉴 시간도 없게 됩니다. **그래서 장기적인 부업으로 계속해 가려면 대면판매보다는 위탁판매를 확대하는 쪽이 좋습니다.**

대면판매의 경우 어느 정도 채소를 깨끗이 다듬어 내놓지 않으면 손님이 채소를 사주지 않겠지만, 역산지직송과 같은 위탁판매에서는 흙이 묻은 채 채소를 개별로 나누지 않고 한꺼번에 거래처에 보내, 그쪽에서 알아서 나누도록 하는 것이 가능하기 때문입니다.

이때 마진을 잘 설정해 두면 상대방도 도착한 채소를 자신들이 개별로 나누는 일에 대해서 잘 수긍하고 받아들입니다.

수확방법에도 수고를 덜기 위한 아이디어가 필요합니다. 가령 시금치 같은 채소는 뿌리째 뽑으면 안 됩니다. 거래처 사람들도 무나 당근에 흙이 묻어 있는 것은 자연스럽게 받아들이지만, 시금치의 뿌리에 흙덩어리가 달려있는 것은 싫어하기 때문입니다.

시금치 수확시에는 지면에 닿을까 말까하게 뿌리 쪽을 가위로 잘라냅니다. 그 후에는 대강 임무를 마친 떡잎이나 처음 나온 본잎이 누렇게 되어가고 있으므로 그것을 제거해 주면, 깨끗한 녹색 잎만 남아 적은 수고로 수확할 수 있는 것입니다.

이와 같이 수확이나 출하, 조정 등의 단계에서 될 수 있는 한 수고를 생략하기 위한 방법을 더욱더 고안해 봅시다.

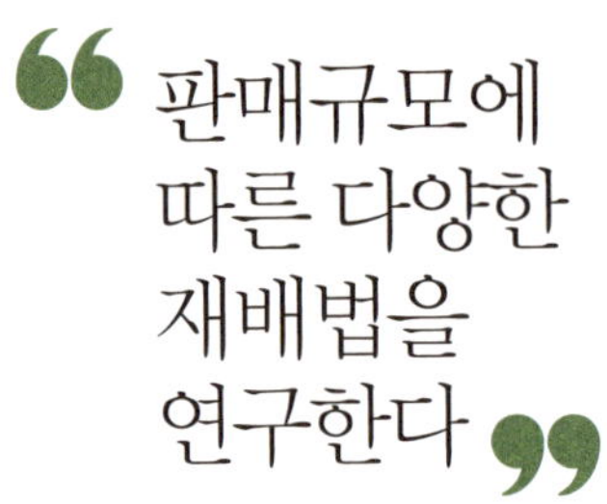

채소 판매법에 따라서 재배법을 바꾸는 것도 중요합니다. 역산지직송 판매를 통한 위탁판매로 객단가 1만 원 매상이라면, 1점당 1천 원인 채소를 1명의 손님이 10개 사 주어야 달성 가능합니다.

무 같은 것을 20개나 사는 사람은 거의 없으므로, 무와 시금치, 당근 등과 같이 다양한 종류의 채소를 상시 공급할 수 있는 것이 객단가를 올리는 포인트가 됩니다.

결국 반농생활로 안정적인 수입을 원한다면 1종류의 채소만 많이 재배하는 것이 아니라, '다품종 소량생산'을 할 필요가 있는 것입니다. 그것을 위해 1년 내내 다양한 채소를 공급하려면 계절마다 어떤 채소를 조합해서 재배하면 좋은지, 판매하면서 생각하도록 합시다.

실천하기 쉬운 것은 봄이나 가을에는 다양한 잎채소나 무, 당근 같은 뿌리채소를 몇 종류 키우고, 여름에는 토마토 같은 여름채소를 역시 몇 종류씩 키우는 식으로 조합하는 방법을 익히는 것입니다.

가령 무는 일반 무뿐만 아니라 래디시, 순무 등등, 또 토마토라면 찰토마토, 빨간 토마토, 방울 토마토, 노란 토마토 등 다양한 품종을 키우면 객단가 상승으로 이어집니다.

이와 같이 매월 100만 원의 수입을 벌기 위해서는 여러분의 생산규모에 맞춘 다양한 재배방법을 연구하는 것도 필요한 것입니다.

게다가 농사도구도 중간중간 교체할 필요도 생깁니다. 앞에서 서술했던 것처럼 사방 20~30m(약 1,000m², 300평 내외) 이상의 텃밭은 효율 면에서 보면 적어도 미니 경작기(관리기) 정도는 갖추는 편이 좋을 것입니다. 이와 같이 채소의 판매에 따라서 재배방법을 바꾸거나 농작업용 도구를 바꿔가는 것이 중요합니다.

손님과의 커뮤니케이션이 안정적인 매출을 낳는다

안정적인 이익을 확보하기 위해서 채소매출을 신장시키려면 손님과의 커뮤니케이션에도 더욱 신경써야 합니다. 그래서 직접판매든 위탁판매든 상관없이 부지런하게 조사를 해서 어떤 채소가 먹고 싶은지 손님의 희망사항을 꼼꼼히 들어둘 것을 권합니다.

'식(食)문화'에는 사람의 취향이 민감하게 반영되어 있습니다. 때문에 손님과 대면하는 직접판매뿐만 아니라 역산지직송 위탁판매도 결국에는 소수 집단에게 판매하는 것이므로, 한 명 한 명의 개성에 크게 영향을 받는 일이 있습니다.

제가 경험한 사례로는 '레디시 먹는 방법을 모르는 사람이 많았다' '쑥갓은 냄새를 싫어하는 사람이 있어서 봉투에 넣을 때는 소량으로 포장하는 것이 좋다' '부모님이 열흘에 한 번은 배추를 절이므로 많은 양의 배추가 필요하다' 등의 요청을 들었던 것입니다.

또 제 지인인 반농생활자는 '00씨 집에는 어린아이가 있어서 카레를 자주 해 먹기 때문에 당근을 넣어서 보내 주면 좋아한다' 등등, 구매자들의 가족구성까지 파악해 대응하는 사람도 있었습니다.

그분은 채소를 보내는 상자 속에 손글씨로 적당한 조리방법을 메모해 넣었더니 손님들의 반응이 아주 달랐다고 합니다. 저도 그것을 흉내내 봤습니다. 모르는 채소나 바뀐 채소가 있으면 손님은 '이건, 뭐야?' 하며 물어봅니다. 저도 거래처 사람에게 '이번 채소는 여럿에게 나눠서 팔고 있는데, 이 채소는 뭐야? 어떻게 해먹는 거지?' 등의 질문을 자주 들었기 때문입니다.

그래서 하나하나 채소들에 대해 이 채소는 찌개를 만들어 먹으면 좋다든가, 스프로 만들어 먹으면 훨씬 맛있다든가 하는 식으로 적당한 조리방법과 먹는 법을 써두면 굉장히 좋아했습니다. 그렇게 평소에 오가는 커뮤니케이션을 잘 파악해 두면 희망사항이나 클레임, 새로운 니즈에도 대응하기 쉬워집니다.

한편 지금은 슈퍼마켓 등에서 연중 다양한 채소가 나온다는 것에 익숙해져 있어서, 계절 채소가 아닌 채소를 원하는 사람이 있기도 하고, 재배자의 수고를 전혀 몰라준 채 이런저런 요청을 하는 사람이 있기도 합니다. 그런 손님들에 대해서 일일이 눈살을 찌푸릴 게 아니라, 메일이나 블로그에 계절감을 전하는 정보를 제공하거나, 채소를 보내는 속에 손글씨 메뉴를 써 넣어 볼 것을 권합니다.

또 포장봉투나 상자 속에 자신의 블로그나 채소밭 이야기를 소개하는 전단지를 넣어두는 것도 좋습니다. 저도 자주 실감했는데, 손님들에게 조금씩이라도 그런 정보가 전해지도록 노력하면 차츰 알아 주는 사람이 늘어납니다. 이와 같은 다양한 방법을 고안해서 여러분의 반농생활이 금전적인 면에서도, 심리적인 면에서도 결실이 늘어나길 기원합니다.

채소를 키우면
삶이 풍성해진다

제 지인 중에 작은 텃밭에서 시작해서 전업농이 된 사람이 있습니다. 그 전에는 운전 일을 했었는데 반농생활로 채소를 키우는 동안에 그의 채소맛이 좋다는 평가를 받아, 일을 그만두고 농부가 된 것입니다. 그 사람은 지역 슈퍼마켓에서 전용코너를 만들어 주기도 하고, 신문 가판대에서 경품으로 사용해 주기도 하면서 판로를 크게 넓혀갔습니다.

또 보통은 회사에 근무하면서 겸업을 하는 농가도 일본에는 더러 있습니다. 30대 후반이 되어 농업을 시작했는데, 은퇴 후에 전업농이 되기 위해서 지금은 그 준비기간이라며 반농생활을 계속하고 있는 것입니다.

저도 경험이 전혀 없을 때 반농생활을 시작해서 채소매상이 2,000만 원 정도에 이르고부터 '채소재배 레슨 프로'의 길이 열려 농업클럽 회사를 만들어 경영하게 되었습니다. 이와 같이 반농생활은 농업의 미경험자라도 전업농과 달리 가볍게 시작할 수 있고, 계속 해나가는 동안에 새로운 앞날이 펼쳐집니다.

반농생활은 시작하는 동기나 수만큼의 즐거움이 있고, 또 발전방법도 있다고 생각합니다. 그만큼 채소를 키우면 다양한 이점이 있습니다. 이 책에서 서술한 바와 같이 안심야채를 매일 먹을 수 있다든가 식비가 절감된다든가, 또 자신이 키운 채소를 많이 먹고 건강해졌다든가, 판매해서 안정적인 수입을 확보했다든가 말이지요. 반농생활을 통해서 얻을 수 있는 것은 그밖에도 정말 많이 있습니다.

그렇지만 한마디로 말하자면 저는 '채소를 키우면 삶이 풍부해진다'고 말하고 싶습니다.

이 책을 손에 쥔 여러분들은 경험은 없지만 농업에 흥미를 가진 사람들이라고 생각합니다. 제가 도와주고 있는 반농생활 초보자들도 미경험자들이지만 모두 농업에 흥미가 있어서, 기회가 있다면 시작해 보고 싶다고 생각하던 사람들이었습니다.

서두에도 말했지만 저는 그런 사람들이 가볍게 농업에 손을 댈 수 있는 '반농생활'을 응원하고 싶어서 현재의 일을 선택했습니다. 이 책이 모쪼록 여러분이 반농생활을 시작하는 데 계기가 된다면, 그것보다 더한 기쁨이 없을 것입니다. 여러분의 반농생활에 많은 결실이 있도록 진심으로 기원합니다.

옮긴이 **김옥영**

출판 기획편집자. 대학에서 일본문학과 문예창작을 전공했고, 잡지 기자를 거쳐 **18**여 년 간 각종 실용서와 일본소설을 기획, 편집해 출간한 바 있다. 현재는 프리랜서로 기획 및 편집과 일본어 번역을 하고 있으며, 옮긴 책으로는 『150cm 라이프』『만드는 것을 일로 삼았습니다』가 있다.

반농생활

초판 1쇄 2011년 4월 29일 발행

지은이 마스야마 히로야스
옮긴이 김옥영

발행인 승영란·김태진

기획편집 〈2nd 키친〉 김옥영
디자인 유혜영
마케팅 함송이·박심애

찍은곳 애드샵
펴낸곳 에디터

주소 서울 마포구 공덕동 105-219 정화빌딩 3층
문의 02-753-2700, 2778
팩스 02-753-2779
등록 1991년 6월 18일 제 313-1991-74호

값 12,000원

ISBN 978-89-92037-74-7   13500